人気動物のルーツを辿る!!

パンダの祖先はお肉が好き!?

～動物園から広がる古生物の世界と進化～

監修：木村由莉、林昭次　著者：土屋健　絵：ACTOW

私たち人類に祖先がいるように、動物園の生き物たちにも
ルーツとなる古生物やその仲間たちがいます。パンダはもともと白黒だったのか?
キリンの首は最初から長かったのか? ゾウの鼻は?
ライオンのたてがみは? 誌面を動物園に見立てて人気動物たちの
大昔の姿や、太古の近縁種を再現してみました。
どことなくいつもの動物園とは違う不思議な違和感をお楽しみください。

笠倉出版社

はじめに

あの人気動物たちの大昔の姿はどんなだった？

動物園を訪ねると、さまざまな動物に出会うことができます。ライオン、ゾウ、トラ、ワニ、ヘビ……などなど。本来であれば、世界各地のさまざまな環境に生息する動物たちが、園内で暮らしています。

彼らは、ある意味で、現代日本で暮らす私たちにとっての「身近な動物」といえるかもしれません。

そんな彼らを見ているとき、ふと、思ったことはありませんか？「彼らの祖先は、どのような姿をしていたのだろう？」と。

もしも、今までこの疑問を持ったことがなかったとしても、ここまでこの文を読んでしまった以上、気になってはきませんか？

動物園の動物たちは、いったいどのような祖先から進化したのでしょうか？ その進化の過程には、どのような仲間たちがいたのでしょう？

本書は、動物園の動物たちの〝ルーツ〟をたどる1冊です。

日本の動物園にいる動物たちのなかから、とくに人気のある動物種33種を選抜。その種を含むグループ、あるいは近縁のグループに、過去、どのような古生物がいたのかをまとめました。

この本を読み終えたのちに動物園を訪ねると、あなたが目にする景色が、少し変わったものとなるかもしれません。

2020年7月　土屋　健

目次
園内マップ案内

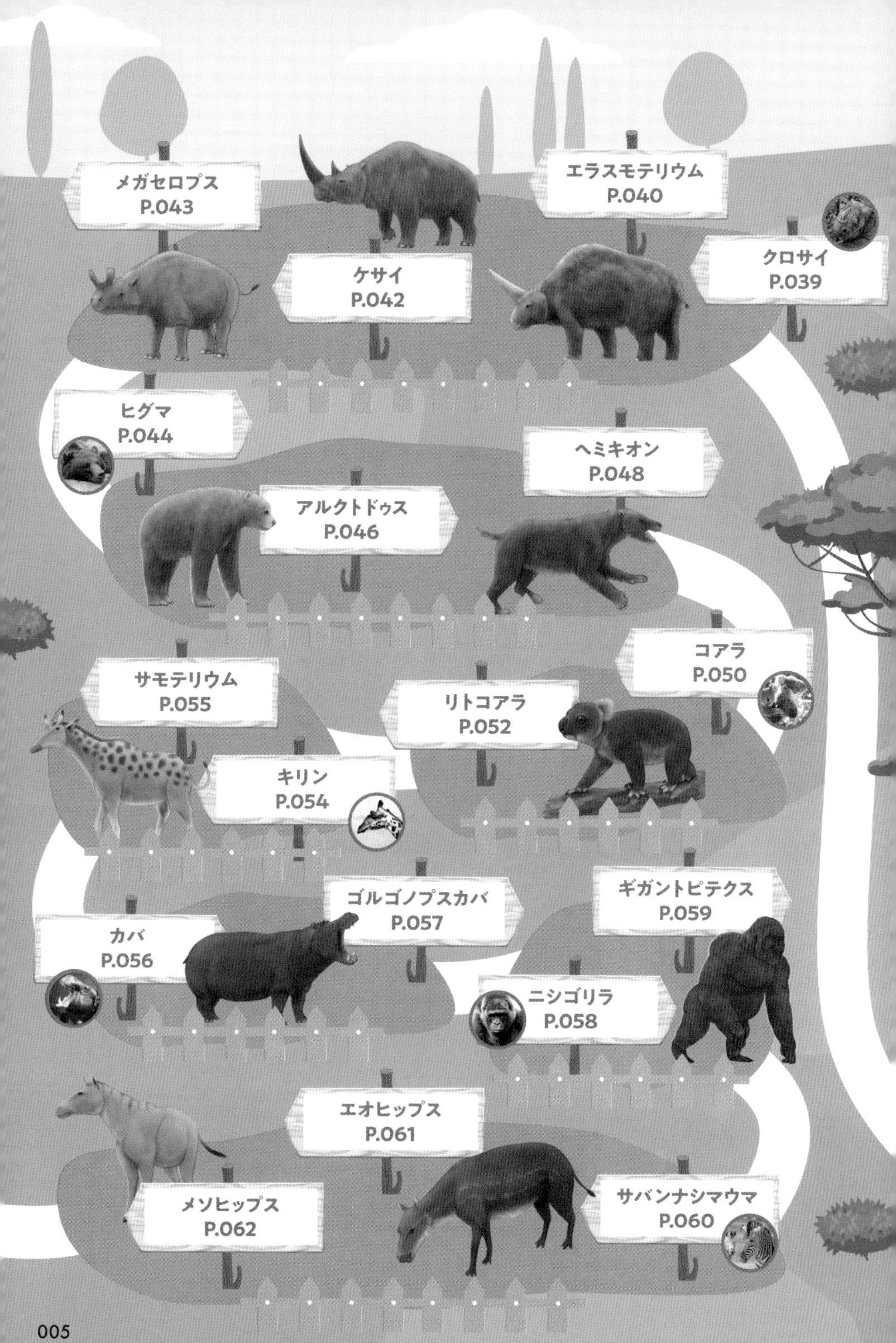
クロサイ P.039
エラスモテリウム P.040
ケサイ P.042
メガセロプス P.043
ヒグマ P.044
アルクトドゥス P.046
ヘミキオン P.048
コアラ P.050
リトコアラ P.052
キリン P.054
サモテリウム P.055
カバ P.056
ゴルゴノプスカバ P.057
ニシゴリラ P.058
ギガントピテクス P.059
サバンナシマウマ P.060
エオヒップス P.061
メソヒップス P.062

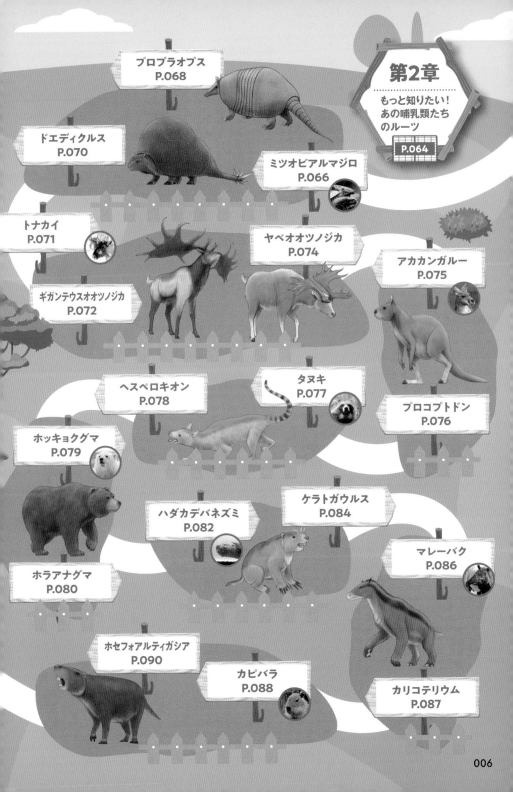

第2章

もっと知りたい！
あの哺乳類たちのルーツ

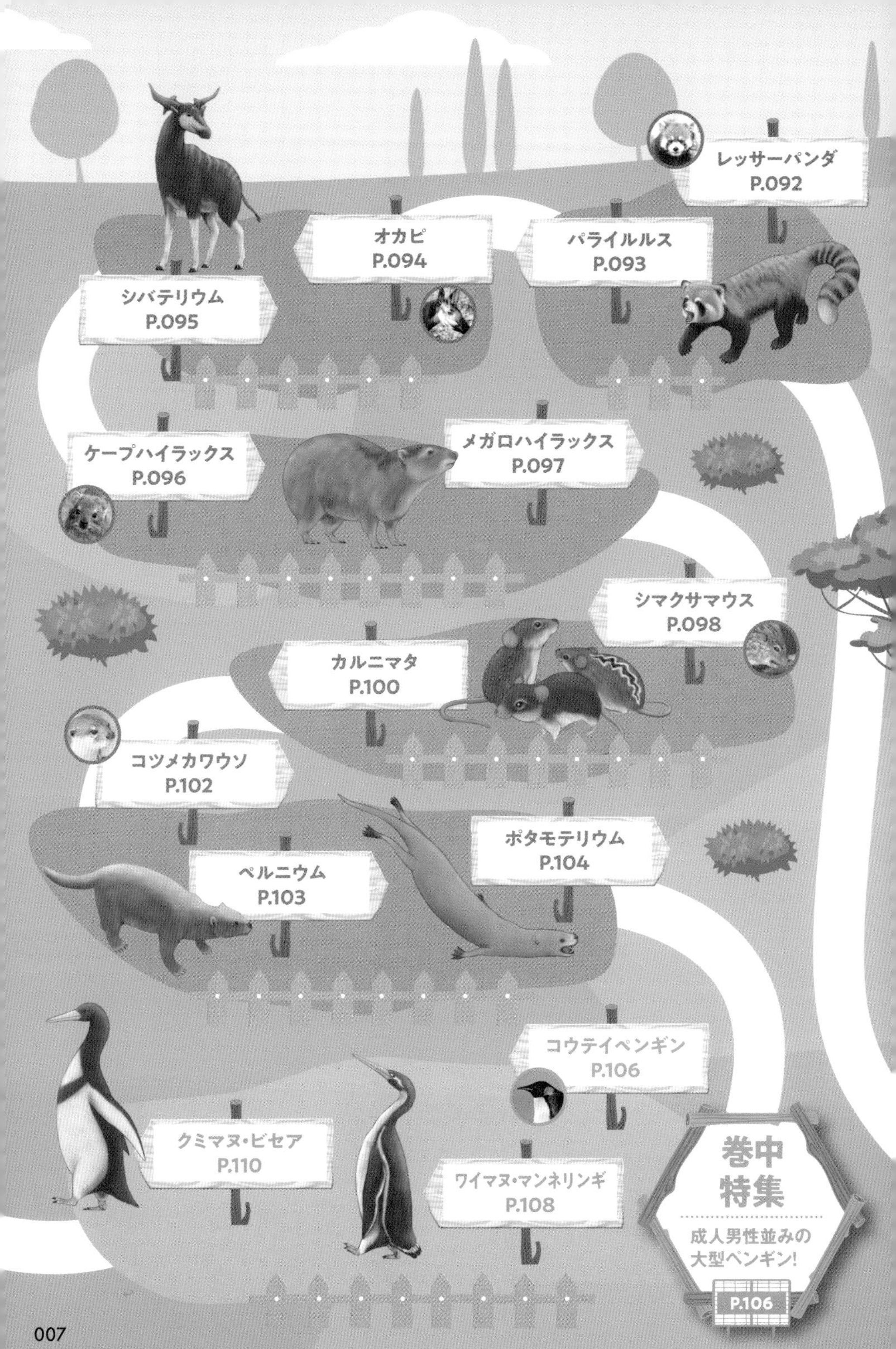

レッサーパンダ P.092
パライルルス P.093
オカピ P.094
シバテリウム P.095
ケープハイラックス P.096
メガロハイラックス P.097
シマクサマウス P.098
カルニマタ P.100
コツメカワウソ P.102
ペルニウム P.103
ポタモテリウム P.104
コウテイペンギン P.106
ワイマヌ・マンネリンギ P.108
クミマヌ・ビセア P.110
巻中特集
成人男性並みの大型ペンギン!
P.106

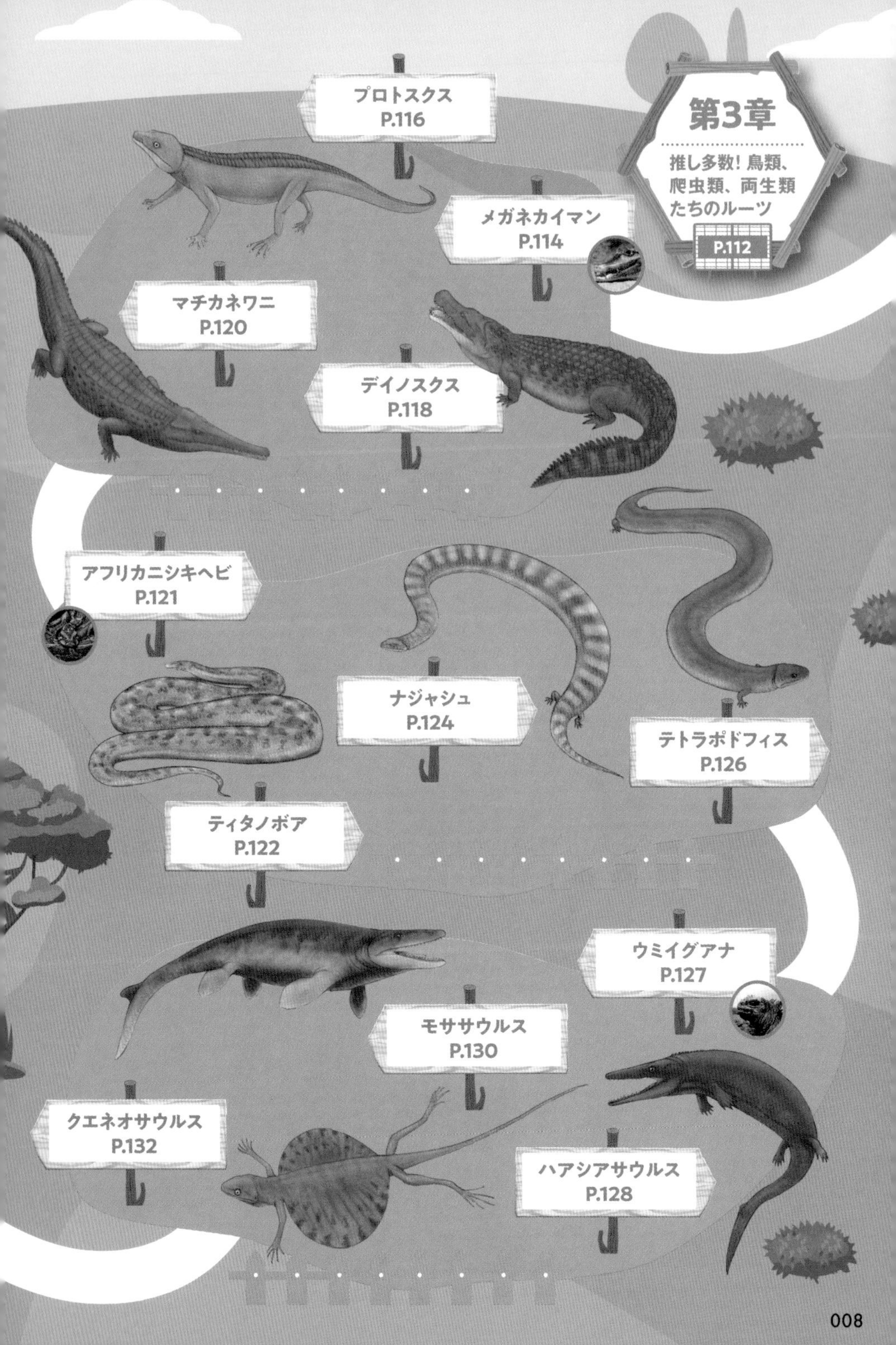
第3章
推し多数! 鳥類、爬虫類、両生類たちのルーツ
P.112
メガネカイマン
P.114
プロトスクス
P.116
デイノスクス
P.118
マチカネワニ
P.120
アフリカニシキヘビ
P.121
ティタノボア
P.122
ナジャシュ
P.124
テトラポドフィス
P.126
ウミイグアナ
P.127
ハアシアサウルス
P.128
モササウルス
P.130
クエネオサウルス
P.132

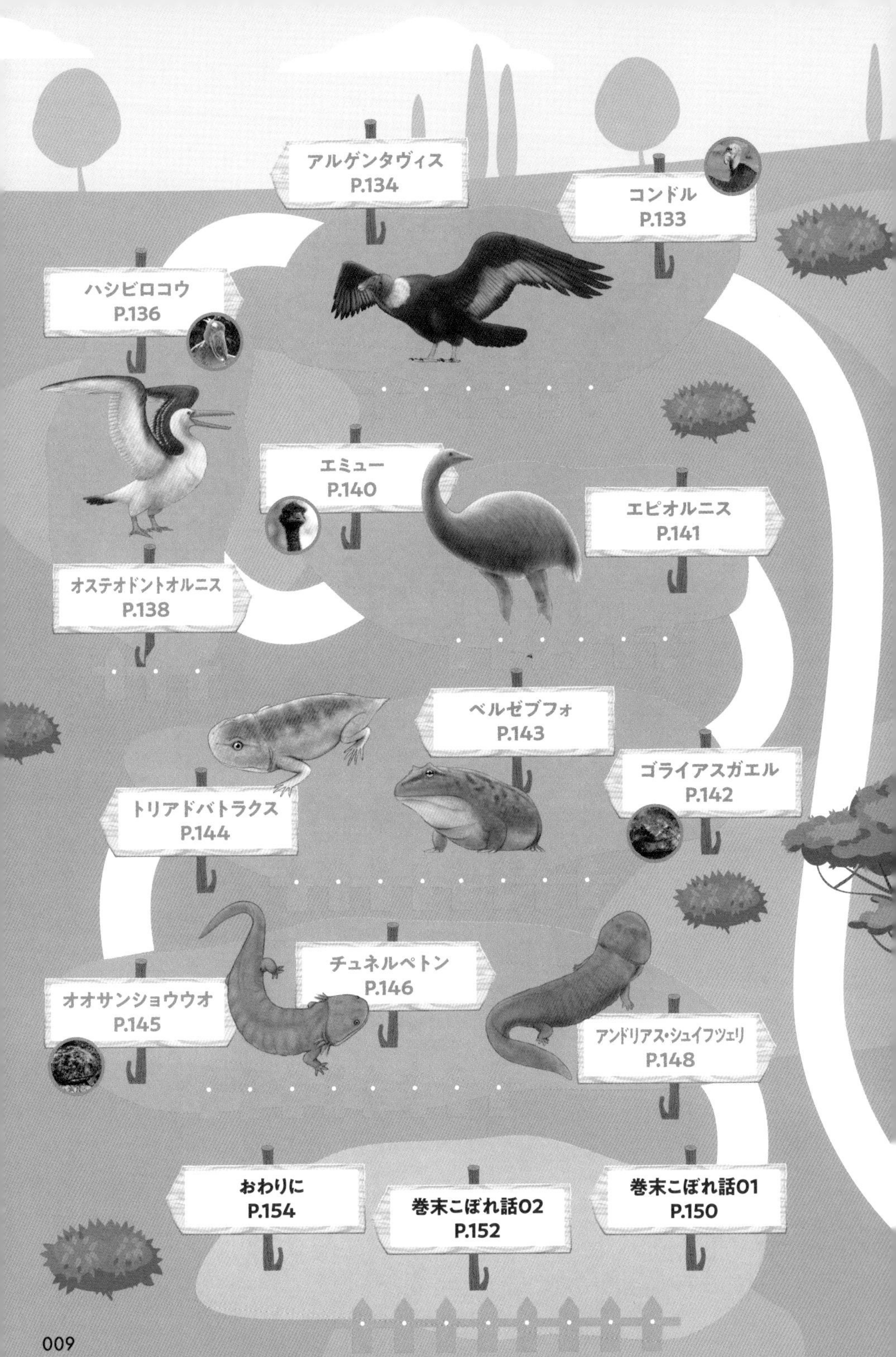
コンドル
P.133
アルゲンタヴィス
P.134
ハシビロコウ
P.136
オステオドントオルニス
P.138
エミュー
P.140
エピオルニス
P.141
ゴライアスガエル
P.142
ベルゼブフォ
P.143
トリアドバトラクス
P.144
オオサンショウウオ
P.145
チュネルペトン
P.146
アンドリアス・シュイフツェリ
P.148
巻末こぼれ話01
P.150
巻末こぼれ話02
P.152
おわりに
P.154

今昔物語

本書では、動物園にいる生き物たちのルーツと思われる古生物やその仲間たちを、紹介しています。

ゾウからわかる祖先と子孫の関係

「アフリカゾウ」は、現在の地球で最大の陸上動物です。大きな個体では肩の高さが4ｍにも達する巨体の持ち主で、童謡に歌われるように長い鼻がトレードマーク。

そんなアフリカゾウは、「ゾウ類（ゾウ科）」と呼ばれるグループの一員です。生命史を振り返ると、同じゾウ科には、「ケナガマンモス」に代表されるマンモスの仲間が属していました。

そしてゾウ類は、「長鼻類」という、より広いグループに属しています。長鼻類の歴史を遡り、アフリカゾウの祖先を探していくと、そこには鼻が長くない、コビトカバのような不思議な動物にたどり着きます。

32ページに
ゾウの
昔の仲間が!

祖先&仲間

現生種が棲む動物園に集められた古生物たち

生き物

ワニからわかる現生種と昔の仲間

祖先じゃ
ないけど
昔の仲間!
現生種

動物園で「メガネカイマン」に出会ったことがある人もいるでしょう。全長2・3mほどのあまり大きくはないワニ類です。

ワニ類の歴史は、恐竜時代として知られる中生代にまで遡ります。その仲間には、4本のあしをからだの真下にスッと伸ばして歩く種や、全長12mという超大型種がいたことがわかっています。

かつては、日本にもワニが生息していました。約40万年前の大阪にいたそのワニの全長は、8m近くの巨体でした。

この本では、動物園の動物の直接の祖先だけではなく、その近縁にいた仲間たちも紹介していきます。

120ページに
ワニの
昔の仲間が!

昔の仲間
古生物

進化の足跡を辿る

古生物が棲む動物園の古生物たちが生きた時代

本書では、多種多様な古生物たちを紹介しているため、登場する古生物たちを時代別にはカテゴライズはしていません。どの時代に生きていたのかが気になる方は、各古生物のデータに記載された時代と、こちらの表を照らし合わせてみてください。

先カンブリア時代

▼~46億年前（地球誕生）

▼約6億3500万年前

カンブリア紀

▼約5億4100万年前

オルドビス紀

▼約4億8500万年前

シルル紀

▼約4億4400万年前

中生代

三畳紀

▼約2億5200万年前

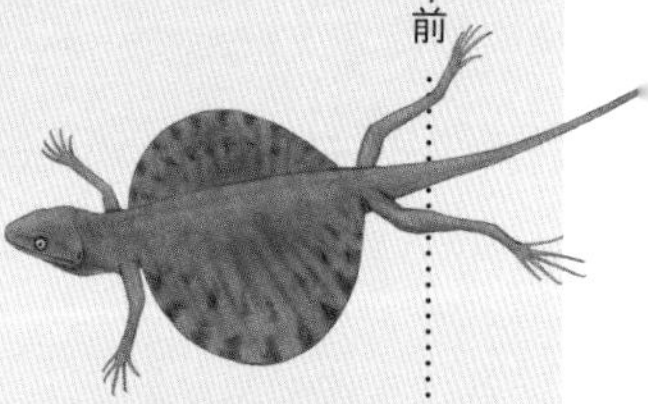

クエネオサウルス
…P132

トリアドバトラクス
…P144

▼約2億1000万年前

ジュラ紀

▼約2億100万年前

プロトスクス
…P116

チュネルペトン
…P146

白亜紀

▼約1億4500万年前

モササウルス
…P130

ベルゼブフォ
…P143

古生代

ペルム紀	石炭紀	デボン紀

▼約2億9900万年前

▼約3億5900万年前

▼約4億1900万年前

新生代

第四紀	新第三紀	古第三紀

▼現在

▼約258万年前

▼約2300万年前

▼約6600万年前

ピグミー・ジャイアントパンダ
…P18

ケナガマンモス
…P30

マカイロドゥス
…P36

オステオドントオルニス
…P138

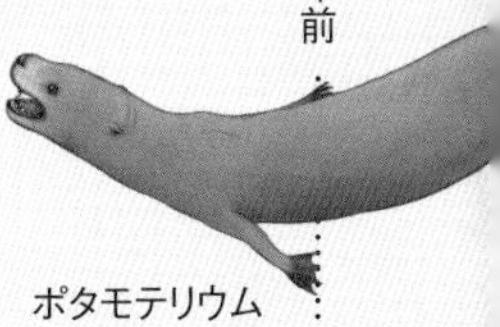

ポタモテリウム
…P104

メガロハイラックス
…P97

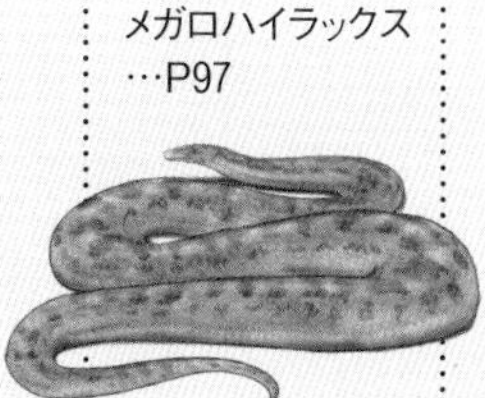

ティタノボア
…P122

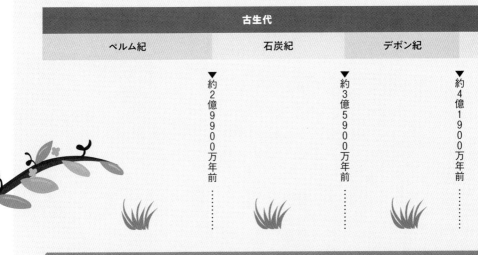

本書の読み方

古生物が棲む動物園の楽しい歩き方

本書は、現生動物（種）と、その動物の昔の姿、もしくは仲間について紹介しています。それぞれのページにどんなことが記載されているのか、まずは、書かれている内容について説明しています。

現生種について

現生種からひと言

高いとこから
失礼しま~す
1章 動物園の人気者
脚も長いし
ベロも長い!
キリン
Giraffe
DATA
学名: Giraffa camelopardalis
読み方: ギラッファ・カメロパルダリス
身長: 約5.7m
生息地: アフリカ
分類: 鯨偶蹄類 キリン科
現生種
現在の地球で、最も身長の高い哺乳類です。高い位置の木の葉や若い芽を、45㎝以上も伸びる長い舌で器用に絡めとって食べます。長い首が最大の特徴ですが、実は、首をつくる骨の数は、私たちヒトと同じ7個しかありません。
次のページに
キリンの
昔の仲間が!
054

現生種写真

どんな現生種なのか?

現生種名前

現生種データ

ルーツ古生物のシルエット

現生種紹介文

ルーツとなる古生物やその仲間たちについて

どんな
古生物なのか？

古生物名前

古生物紹介文

古生物データ

古生物から
ひと言

古生物
復元イラスト

植物はスケールの
目安に

キリンの首を
短くした感じ

サモテリウム

現在では、「首の長い動物」の代名詞であるキリンも、祖先は首の短い〝普通の動物〟でした。サモテリウムは、そんな祖先から進化していく途上にいた動物です。祖先と比べると、首の骨が少し長くなっていきます。なお、キリンの首は、「高い場所のものをとろうとして長くなった」のではなく、「首の長い個体が生き残った」という結果です。

DATA
学名：Samotherium
読み方：サモテリウム
肩高：約1.5m
時代：新生代新第三紀
化石産地：アフリカ、ヨーロッパ、アジア
分類：鯨偶蹄類　キリン科

古生物

1章　動物園の人気者

ちょっと誰!?
中途半端って
言ったの!

動物園のキリンと同じようなツノを
もっていたよ。

未来の
キリンは
もっと長い？

055

現生種からひと言

言わずと知れた中国の珍獣

ジャイアントパンダ

Giant Panda

DATA

学名:	*Ailuropoda melanoleuca*
読み方:	アイルロポダ・メラノルレウカ
頭胴長:	約1.5m
生息地:	中国
分類:	食肉類 クマ科

現生種

パンダは、不思議な動物です。肉食動物のような鋭い犬歯をもちながら、食事の大半は竹です。ただし、竹からたくさんの栄養を吸収できるような特別な消化器官があるわけではありません。そのため、大量の竹を食べる必要があります。なぜ、竹のような栄養の少ない植物を主食にしているのか、よくわかっていないのです。

竹が好きです!
?

パンダの手には、指のように発達した骨があり、その骨を使って竹をつかみます。

次のページに
パンダの
昔の仲間が!

かわいすぎちゃって
ごめんなさ〜い

古生物

まるで
ぬいぐるみ!?

ピグミー・ジャイアントパンダ

Pygmy Giant Panda

DATA

学名:　*Ailuropoda microta*
読み方:　アイルロポダ・ミクロタ
頭胴長:　約1.2m
時代:　新生代第四紀
化石産地:　中国
分類:　食肉類 クマ科

　動物園の人気者、ジャイアントパンダは、絶滅危惧種の代表的な存在でもあります。アイルロポダ・メラノレウカという1種しか現存せず、野生の個体が生きている場所は、中国中西部の限られた地域だけです。

　しかし、かつて、その仲間には複数の種類がいて、生息域も広かったことがわかっています。


　アイルロポダ（***Ailuropoda***）の名前をもっている動物たちを、「ジャイアントパンダ属」と呼びます。絶滅したジャイアントパンダ属のなかには、現在のアイルロポダ・メラノレウカよりも大型だった種もいます。

　一方で、ここに描かれているアイルロポダ・ミクロタは、アイルロポダ・メラノレウカよりも小型だったとみられる種類。その大きさは厳密にわかっていませんが、アイルロポダ・メラノレウカよりも、ひと回り以上小さかったようです。

　アイルロポダ・ミクロタは、今から約２４０万年前～約２００万年前に生息していました。知られている限り、最古のジャイアントパンダ属とみられています。

すでに竹食に?

ピグミー・ジャイアントパンダは、何を食べていたのか? 頭骨の化石を分析した結果からは、すでに竹を食べていたとみられているよ。

現在の地球には、ジャイアントパンダ属は、アイルロポダ・メラノレウカという1種しか残っていません。また、最古のジャイアントパンダ属であるアイルロポダ・ミクロタでも、その歴史は約２４０万年前より昔に遡ることはできていません。

　しかし、かつての地球には、そんなジャイアントパンダ属に近縁の仲間がいくつもいました。アイルラルクトス・ルーフェンゲンシスもそうした仲間の1つです。ジャイアントパンダ属よりも、８００万年ほど古い時期の中国で暮らしていました。

　同じ時期には、多くの近縁種がいました。こうした古い近縁種たちに共通しているのは、主食が竹ではなかった、ということです。アイルラルクトス・ルーフェンゲンシスは、肉も植物も食べる雑食……つまり、〝普通のクマ〟だったようです。

　アイルロポダ・ミクロタも完全な竹食ではないとみられ、現生のような「主食が竹」の種が出現したのは、今からわずか数十万年前だったとされています。

近縁の仲間には
中国以外で暮らして
いた種もいるよ

古生物

まだまだ謎多き
太古のパンダ

アイルラルクトス・ルーフェンゲンシス

DATA

学名:	*Ailurarctos lufengensis*
読み方:	アイルラルクトス・ルーフェンゲンシス
頭胴長:	約1m
時代:	新生代新第三紀
化石産地:	中国
分類:	食肉類　クマ科

CHAPTER 1

第1章

＼ 誰もが知ってる! ／

動物園の人気者たちのルーツ

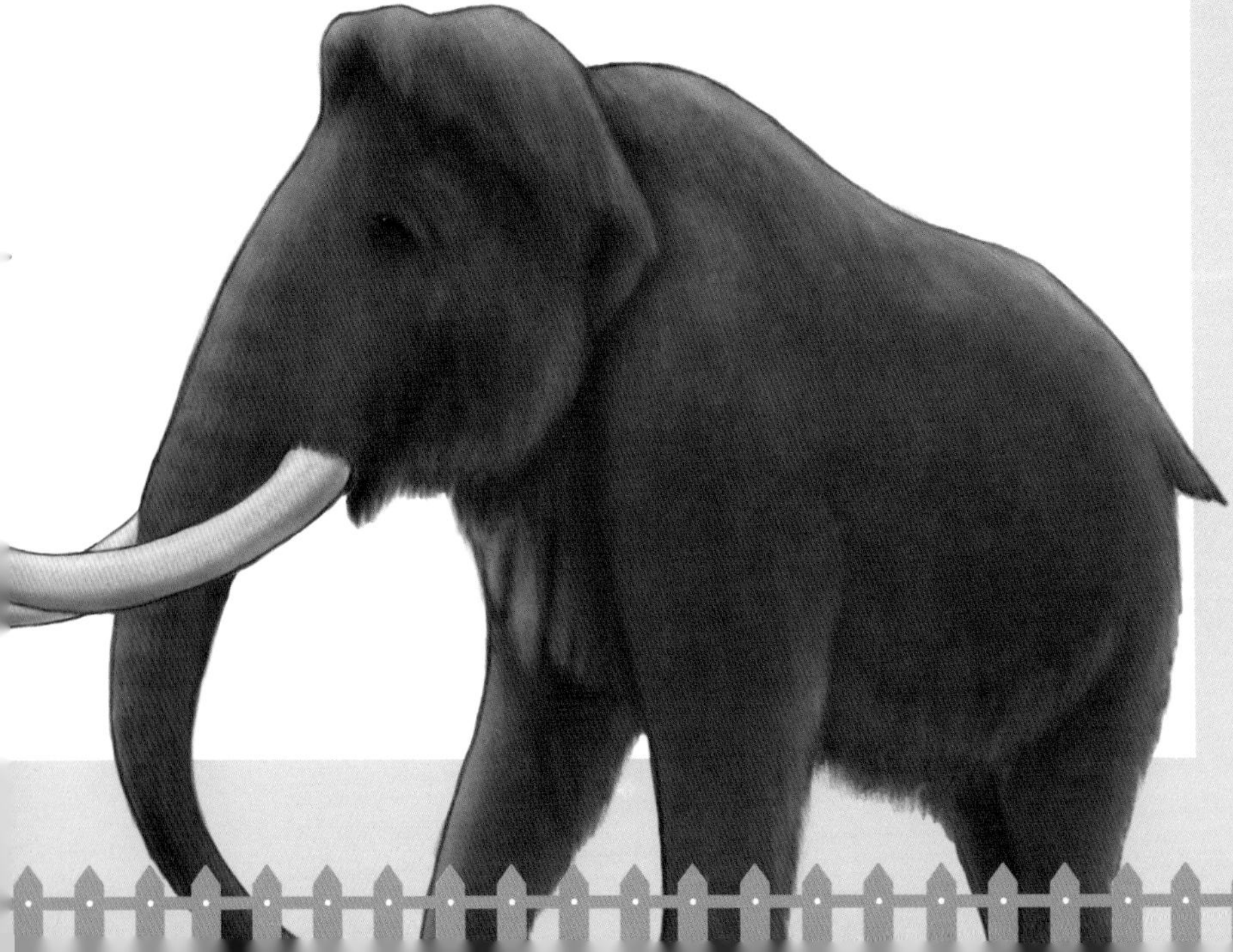

ライオンにトラ、ゾウ、キリンなど、
動物園の人気者たちが
大昔はどんな姿をしていたのか？
どんな仲間がいたのか？
同じ仲間とは思えない、
意外な容姿に驚く古生物もいるはずです。

動物園の
主役といえば
私だ

群れで暮らす
大型のネコ科動物

ライオン

Lion

DATA

学名: *Panthera leo*
読み方: パンセラ・レオ
頭胴長: 約1.4〜3m
生息地: アフリカ、インド
分類: 食肉類　ネコ科

現生種

「百獣の王」と呼ばれる肉食動物です。オスとメスで体格に違いがあり、オスのほうがひとまわり以上大きいからだをしています。ネコ科の動物としてはめずらしく、群れをつくります。しかも、その群れは、子育てや狩りをともに行うという〝結びつき〟の強いものです。近年、個体数は大きく減少していて、現在では絶滅危惧種に指定されています。

次のページに
ライオンの
昔の仲間が!

ヒゲの毛穴の配置は、個体によって違う。ここに個性が出るんだ。

アメリカにも
ライオンが!

ネコ科史上
最大級の大きさ!!

アメリカライオン

American Lion

DATA

学名:	*Panthera atrox*
読み方:	パンセラ・アトラクス
頭胴長:	約2m強
時代:	新生代第四紀
化石産地:	アメリカ
分類:	食肉類　ネコ科

古生物

立派な
たてがみは
あったのかい?

見た目は、現生のライオンとそっくりだ。

現在、地球にいるライオンは、生息域が限られています。しかし、過去においては、今よりもずっと多くの場所で、たくさんの仲間を見ることができたようです。

アメリカライオンも、〝かつて世界各地にいたライオン〟の1つ。その姿は、現生のライオンとよく似ていて、アメリカライオンと現生のライオンは、「亜種の関係にあったのではないか」という指摘があるほど。「亜種」とは「種」としてはとてもよく似ているけれども、〝微妙にちがう点〟があるという関係で、身近な動物の例としては、イヌとオオカミの関係が、「亜種の関係」とされることがあります。

姿はよく似ていても、ライオンのように雄にたてがみがあったのかどうかはわかっていません。これまでに発見された化石にはたてがみがみつかりませんでした。

しかし一般に、たてがみ(毛)は骨とちがって化石に残りにくいため、「みつかっていないから、生きていたときもなかった」とはいえないのです。

孤高の王者?

現生のライオンのように群れを組んでいたのかどうかはよくわかっていない。ひょっとしたら、現生のライオンとはちがって、孤高の王者だったのかもしれないよ。

洞窟壁画に描かれる 太古のライオン!

ホラアナライオン

Cave Lion

DATA

学名:	*Panthera spelaea*
読み方:	パンセラ・スペラエア
頭胴長:	約2.7m
時代:	新生代第四紀
化石産地:	ヨーロッパ各地
分類:	食肉類　ネコ科

古生物

洞穴から化石がよく見つかります。

ホラアナライオンも、「現生のライオンの亜種ではないか」と言われるほど、現生のライオンとよく似ています。人類が残した洞窟壁画にその姿が描かれており、そうした壁画のホラアナライオンには、たてがみが描かれていないので、ひょっとしたら、ホラアナライオンにはたてがみがなかったのかもしれません。

もっと知りたい!
豆知識
太古の人類がその姿を目撃していたぞ

ネコだから狭いとこが好きなの
ヨーロッパは寒そうだな~

大きいことは
いいことだ!

現生で最大の
陸上動物

アフリカゾウ

African Elephant

DATA

学名: *Loxodonta africana*
読み方: ロクソドンタ・アフリカナ
肩高: 約4m
生息地: アフリカ
分類: 長鼻類　ゾウ科

現生種

現在の地球で最大の陸上動物です。トレードマークの「鼻」は、実は鼻と上唇が一体化して長く伸びたもの。数千本の筋肉でできていて、自由に動かすことができます。野生のアフリカゾウはメスをリーダーとし、メスを中心とした群れをつくります。オスは成長とともに群れからはなれます。

次のページに
ゾウの
昔の仲間が!

今のゾウとは
全然姿が違う!?

君のご先祖さまも
きっと
食べていた

人類の生活を
支えた巨大動物

ケナガマンモス

Woolly Mammoth

DATA

学名:	*Mammuthus primigenius*
読み方:	マムーサス・プリミゲニウス
肩高:	約3.5m
時代:	新生代第四紀
化石産地:	北半球各地
分類:	長鼻類　ゾウ科

古生物

すっごく
モフモフだ!

徹底的に〝防寒仕様〟がなされていた。
寒い気候は大得意だ。

現在の地球にいるゾウには、アフリカのサバンナなどで暮らすアフリカゾウのほかに、アフリカの森林で暮らすマルミミゾウ、インドや東南アジアの森林や草原で暮らすアジアゾウがいます。この3種類のゾウ類に共通しているのは、暖かい場所に棲んでいるということです。

しかし、かつてのゾウ類は、世界中にたくさんの種類がいたことがわかっています。

ケナガマンモスは、そうした絶滅ゾウ類の代表といえます。地球の気候がとても冷えこんでいたときに、ユーラシア大陸から北アメリカ大陸にかけての北部にいました。日本でも、北海道にいたことがわかっています。

寒い時期に寒い場所にいることを可能にしたのは、二重構造になっている長い毛や、お尻の穴にさえもフタができるといった徹底的な〝寒冷地仕様〟でした。

そんなケナガマンモスは、約1万年前までに大部分が絶滅しました。最後まで生き残っていたものも、約4000年前には姿を消しました。

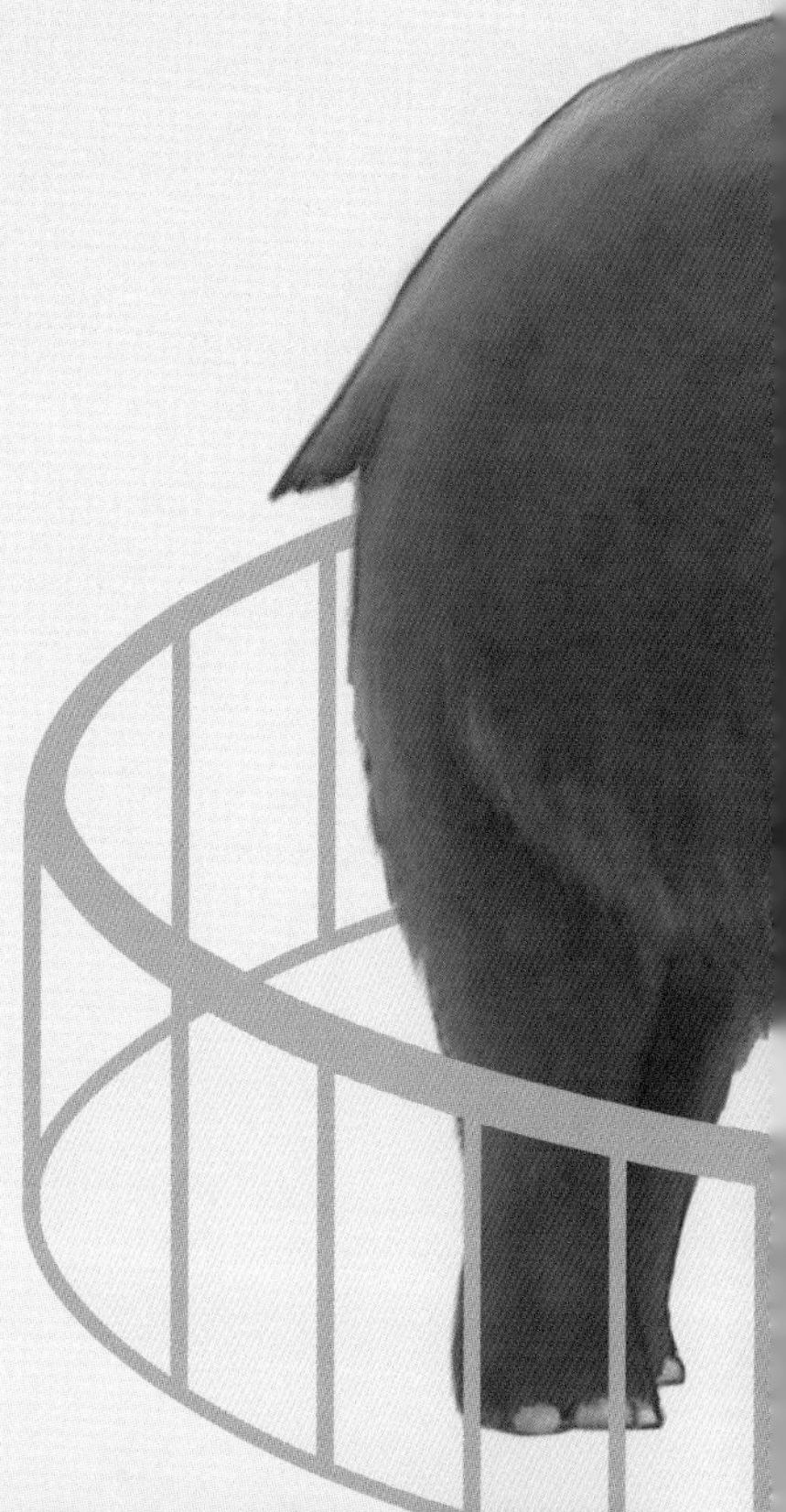

人類の〝生きる材料〟に

ケナガマンモスが生きていた時代、同じ場所に人類もいた。人類はケナガマンモスを狩り、肉は食料に、皮は衣類に、骨は家の材料などにしていたんだ。

カバのような見た目の小型ゾウ

モエリテリウム

DATA

学名：	*Moeritherium*
読み方：	モエリテリウム
頭胴長：	約2m
時代：	新生代古第三紀
化石産地：	アフリカ
分類：	長鼻類

古生物

まるでコビトカバのような風貌をしていますが、アフリカゾウやケナガマンモスと同じ「長鼻類」に属します。モエリテリウムは、もっとも初期の長鼻類の1つで、約5000万年前から約3000万年前のアフリカに生きていました。長鼻類ですが、「長い鼻」はもっていなかったようです。一方、牙は少しだけ長くなっていました。

こんな鼻でも「長鼻類」です
ここからずいぶん進化したな～

哺乳類の「牙」とは、犬歯を指すことが多い。でも、長鼻類の「牙」は切歯（前歯）なんだ。

ネコ科最大の
優秀なハンター

トラ

Tiger

DATA

学名：	*Panthera tigris*
読み方：	パンセラ・タイガリス
頭胴長：	約3m
生息地：	南アジア、東アジア
分類：	食肉類　ネコ科

現生種

現在の地球に生きるネコ科の動物のなかで、もっとも大きな種です。頭胴長はライオンとさほど変わりがありませんが、ライオンよりも50kg以上も重いのです。森林で暮らし、ときに自分よりも大きな獲物も狩ります。武器は強力な前あしです。からだの縞模様は個体によって異なります。

次のページに
トラの
昔の仲間が!

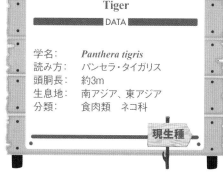

トラには鋭い牙があります。しかし、その長さは、かつてのネコ科の動物ほどではありません。

かつてのネコ科動物には、「サーベルタイガー」と呼ばれる、長い牙をもった種類がたくさんいました。

スミロドンは、そうした長い牙をもつネコ科動物の1つです。その牙は、ひと月に6㎜の速度で成長しました。1年で7・2㎝も伸びたのです。あなたの手の横幅と同じくらい（もしくは、手よりも少し小さいくらい）、1年で長くなる計算です。

ただし、この長い牙は、あくまでも〝トドメ用〟。スミロドンの武器は、トラがそうであるように、力強い前あしでした。太くがっしりとした前あしが繰り出す強烈な「猫パンチ」こそが最大の武器だったのです。

近年の研究によって、この前あしは、子どもの頃から力が強かったことがわかっています。つまり、幼いころから〝ジャイアン〟だったのです。

また、スミロドンは現在のトラと同じように、森林に暮らしていた可能性が高いことも指摘されています。

大きな牙がトレードマーク

スミロドン

DATA

学名：　*Smilodon*
読み方：　スミロドン
頭胴長：　約1.7m
時代：　新生代第四紀
化石産地：北アメリカ、南アメリカ
分類：　食肉類　ネコ科

古生物

トラに似ているけれど、ひと回り以上大きいよ。

英語では「キャット(猫)」

群れをつくる現生のトラは孤高の動物だけど、スミロドンは群れを組んでいたと考えられています。

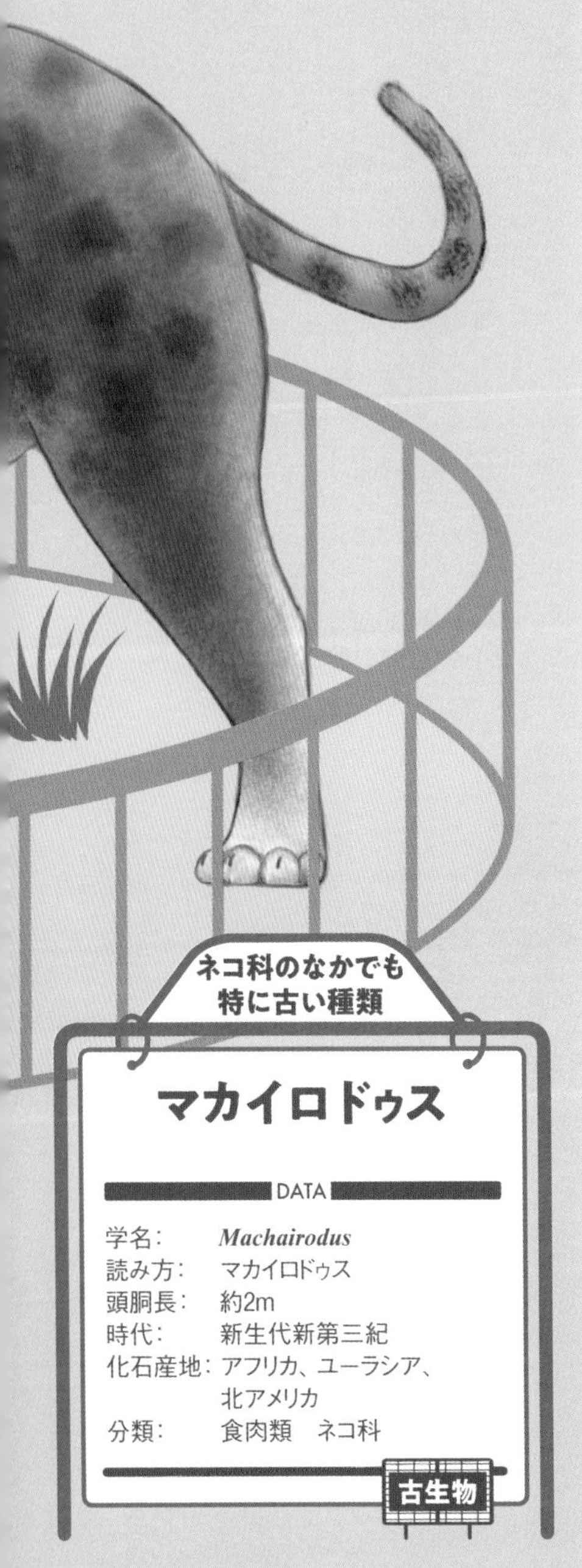
ネコ科のなかでも
特に古い種類
マカイロドゥス
DATA
学名：　*Machairodus*
読み方：　マカイロドゥス
頭胴長：　約2m
時代：　新生代新第三紀
化石産地：アフリカ、ユーラシア、北アメリカ
分類：　食肉類　ネコ科
古生物

ネコ科の歴史は古く、新生代新第三紀中新世（約2300万年前〜約533万年前）の半ばには、出現していました。つまり、ネコ科には、1000万年を超える歴史があるのです。私たちヒト科の歴史は約700万年〜約600万年と言われているので、ネコ科のほうが〝先輩〟にあたります。

そんなネコ科の歴史において、初期に出現したものの1つが、マカイロドゥスです。アフリカ、ユーラシア、北アメリカの各地で繁栄しました。とくに、アフリカにおいては、ネコ科の〝主流〟だったと考えられています。当時のアフリカを訪れることができれば、ごく普通にマカイロドゥスの姿を見ることができたのかもしれません。

……とはいえ、マカイロドゥスは、一見しただけでは、動物園のトラと間違えてしまうかも。トラのようにとても筋肉質で、引き締まったからだをしていました。ただし、マカイロドゥスを動物園のトラと比べると、マカイロドゥスのほうが小柄で、そして、やや長い牙をもっていました。

たてがみをもっていたかどうかはわからない。

サーベルタイガーの1つ

スミロドンほどではありませんが、長い牙をもっています。そのため、マカイロドゥスも、いわゆる「サーベルタイガー」の1つといえます。

ずんぐりとした
ネコ科の近縁種

バルボロフェリス

DATA

学名:	*Barbourofelis*
読み方:	バルボロフェリス
頭胴長:	約1.6m
時代:	新生代新第三紀
化石産地:	アメリカ
分類:	食肉類　バルボロフェリス科

古生物

トラやスミロドン、マカイロドゥスなどのネコ科動物に似ていますが、バルボロフェリス科という別の食肉類のグループに属しています。バルボロフェリス科自体は、ネコ科にとても近縁で、より原始的なグループです。全体的にがっしりとした筋肉質で、四肢が短いことが特徴。牙は長く、その牙と合わせるように下あごにも骨のでっぱりがありました。

ゴリマッチョな
ネコは
お好きかな?
ネコ科では
ないようです

その姿から、「クマのようなライオン」と言われるよ。

ツノは骨じゃなくて
毛の塊なのさ

戦車のような
重厚感ボディ

クロサイ

Black Rhinoceros

DATA

学名：	*Diceros bicornis*
読み方：	ダイセロス・バイコーニス
肩高：	約1.8m
生息地：	アフリカ（森林）
分類：	奇蹄類　サイ科

現生種

サバンナに点在する潅木林《かんぼくりん》（※低木のこと）などに生息し、主にその若芽を食べます。上唇の先端が尖り、植物をつかみやすくなっていることが特徴です。鼻先のツノは、成長とともに長くなり、1.4mにも達します。よく似た種で、ひと回りからだが大きく、幅広の口をもつ「シロサイ」がいます。

次のページに
クロサイの
昔の仲間が!

ツノの
大きさは
同じ?
?

肩高2m、頭胴長は4・5mに達したサイ科の動物です。この大きさは、現生のクロサイよりひと回り大きく、シロサイより少し大きいことを意味しています。現在の地球でシロサイはゾウに次ぐ巨体の持ち主ですから、それを上回るエラスモテリウムがいかに大きかったのかがわかります。

頭骨の化石を見ると、額に大きな盛り上がりがあり、その表面がザラザラとしています。この盛り上がりを基盤として毛が集まり、長いツノをつくっていたとみられています。

かねてよりエラスモテリウムは、幻獣「ユニコーン」のモデルではないか、とされてきました。

「ユニコーン」と聞くと、「額にツノのある白馬」というイメージがあるかもしれません。しかし、これは、比較的新しいユニコーン像。もともとは、「ウマのからだで、あしはゾウに似て、額に長いツノがある」とされる伝説の動物なのです。

そんな〝伝統的なユニコーン像〟に、エラスモテリウムはどことなく似ているのです。

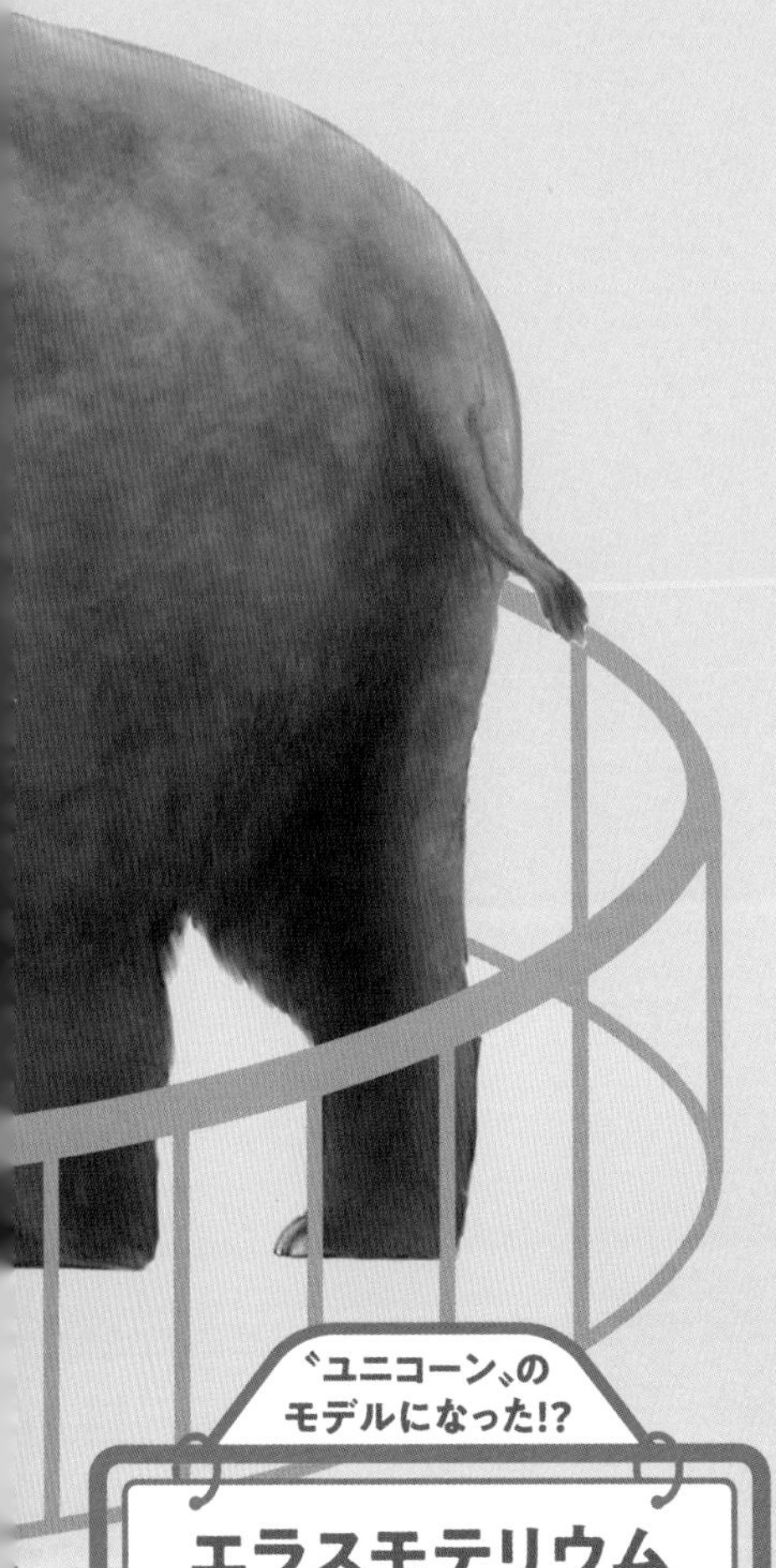

〝ユニコーン〟のモデルになった!?

エラスモテリウム

DATA

学名:	*Elasmotherium*
読み方:	エラスモテリウム
肩高:	約2m
時代:	新生代第四紀
化石産地:	アジア、ヨーロッパ
分類:	奇蹄類 サイ科

古生物

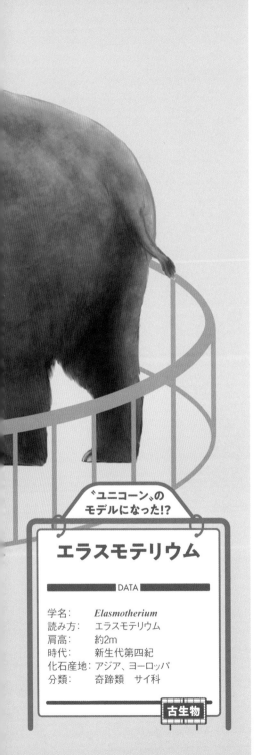

ツノの大きさは
あくまで
イメージです

ツノは毛のかたまり

長いツノは、毛の束が固まってできたもの。化石に残りにくく、エラスモテリウムのツノがどのくらいの長さだったのかは、正確にはよくわかっていない。

額から伸びる長いツノが特徴だ。

大きさ
勝負だ!

細くて鋭い角が特徴

ケサイ

Woolly Rhinoceros

DATA

学名:	*Coelodonta antiquitatis*
読み方:	コエロドンタ・アンティクイタティス
肩高:	約2m
時代:	新生代新第三紀～第四紀
化石産地:	アジア、ヨーロッパ
分類:	奇蹄類　サイ科

古生物

ケナガマンモス（28ページ）と同じように、全身を長い毛で覆っていたサイです。エラスモテリウムと同じくらい、大型の動物でした。鼻先と額に毛でできた大小2本のツノをもっていました。とくに、鼻先のツノは長く、薄かったことが知られています。臼歯が発達していて、冷温帯やツンドラ地帯に生える草を食べることに適していました。

「毛サイ」って……名前シンプルすぎない？
毛皮がオシャレ!

生きていたときのまま冷凍された化石が見つかっている。だから、ツノがくわしくわかる。

二股のツノをもった変わり者

メガセロプス

DATA

学名：	*Megacerops*
読み方：	メガセロプス
肩高：	約2.5m
時代：	新生代新第三紀
化石産地：	アメリカ
分類：	奇蹄類　ブロントテリウム科

古生物

エラスモテリウムやケサイと同じ奇蹄類《きているい》ですが、サイ科ではなくブロントテリウム科に属しています。ブロントテリウム科は絶滅グループで、頭部に骨製のツノをもっていることが特徴です。メガセロプスのツノは、根元が板状で、先端がY字に別れているという独特の形をしていました。やわらかい草を食べていたと考えられています。

いつでも心に〝ピース〟を!
前が見づらくない?

「毛のツノ」ではなく「骨のツノ」をもっていたよ。

〝死んだふり〟は
意味ないよ……

日本にもいる
大型プレデター

ヒグマ
Brown Bear

DATA

学名:　*Ursus arctos*
読み方:　ウルスス・アルクトス
頭胴長:　約2m
生息地:　北アメリカ、ユーラシア北部
分類:　食肉類　クマ科

現生種

クマ科の動物のなかで、最も広い範囲に生息しています。基本的には、木の実や根、球根などを食べますが、動物や魚を襲って食べることもある雑食性です。肩の筋肉が発達していて、前あしは太く、手の先には長い爪があります。後ろあしも太く、二足で立つこともできます。とても力の強い動物です。毛の色は、金色、茶色、黒色などさまざまです。

?
昔のクマは
今より
コワい?

次のページに
ヒグマの
昔の仲間が!

北海道にいる「エゾヒグマ」は、ヒグマの亜種だ。

「**Short-faced and Long-legged bear**」（短顔で長いあしのクマ）という英語名が示すように、顔が寸詰まりで幅があり、四肢が長く、胴の短いクマです。

アルクトドゥスは、新第三紀鮮新世から第四紀更新世にかけて北アメリカと南アメリカに生息していました。とくに、第四紀更新世の北アメリカにおける最大級の捕食者で、その体重は800kgとも、1tとも言われています。現生のクマ科動物のなかで、とくに「大型」と言われているホッキョクグマと同程度、もしくはひと回り以上大きいという巨体のもち主だったのです。

そんなアルクトドゥスは、長いあしを使い、すばやく動く優れた狩人だったという見方がある一方で、実はそれほど顔は寸詰まりではなく、四肢も長くはなかったのではないか、という指摘もあります。

つまり、よくわかっていないのです。ヒグマが更新世に出現すると、その生存競争に敗れ、絶滅したとみられています。

最恐説が流れる手足の長いクマ

アルクトドゥス

Short-faced and Long-legged bear

DATA

学名：　*Arctodus*
読み方：　アルクトドゥス
頭胴長：　約2m
時代：　新生代新第三紀～第四紀
化石産地：北アメリカ、南アメリカ
分類：　食肉類　クマ科

古生物

スタイルには
自信があります!

スラッとしてて
あこがれちゃう

英語では、よりシンプルに
「Short-faced bear」と
呼ばれることも。

北アメリカで最恐?

とくに、第四紀更新世の北アメリカで、最も恐ろしい動物だったと言われているよ。ただし、研究者によっては、そこまで〝特別な種〟ではないとの指摘も。

速く走れた
イヌみたいなクマ

ヘミキオン

DATA

学名:	***Hemicyon***
読み方:	ヘミキオン
頭胴長:	約1.5m
時代:	新生代新第三紀
化石産地:	ヨーロッパ、アジア、北アメリカ、アフリカ
分類:	食肉類　クマ科

古生物

半分イヌ

ヘミキオン（***Hemicyon***）という名前は、ラテン語の「半分（***hemi***）」と「イヌ（***cyon***）」に由来する。実にふさわしい名前なのだ。

新生代新第三紀中新世の北半球で大繁栄したクマ科動物です。

　クマ科は、イヌ科と祖先を同じくするグループです。イヌ科とともに「イヌ亜目」、あるいは、「イヌ型類」と呼ばれるグループに属しています。新生代古第三紀のうちに、イヌ科と袂を分かち、進化を重ねてきました。

　ヘミキオンは、（がっしりとしたタイプの）イヌに似ています。クマ科のなかでは最も初期に現れたものの1つです。

　また、イヌ科動物との共通点がいくつかあります。そのうちの1つが「あしのつき方」です。

　多くのイヌ科動物は、かかとを接地させず、つま先で歩きます。これは、「趾行性《しこうせい》」と呼ばれる歩き方です。一方、多くのクマ科は、かかとを接地させて歩く「蹠行性《しょこうせい》」です。趾行性は素早く動くことに適し、蹠行性は安定性に優れています。

　ヘミキオンは、クマ科でありながら、蹠行性ではなく、趾行性でした。蹠行性のクマと比べると活動的だったのではないか、と言われています。

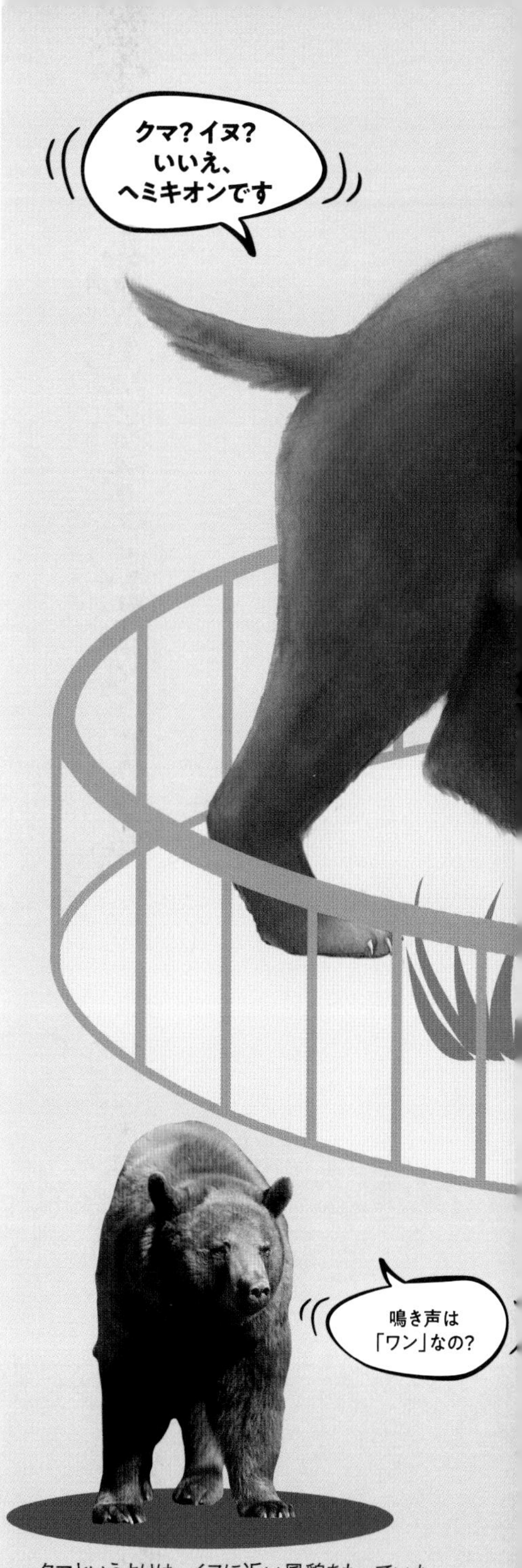
クマ？イヌ？
いいえ、
ヘミキオンです
鳴き声は
「ワン」なの？
クマというよりは、イヌに近い風貌をもっていた。

ユーカリの葉しか
食べない偏食者

コアラ

Koala

DATA

学名: *Phascolarctos cinereus*
読み方: ファスコラルクトス・シネレウス
頭胴長: 約80cm
生息地: オーストラリア
分類: 有袋類　カンガルー目　コアラ科

現生種

手の親指と人差し指が、残りの3本の指と向かい合っています。また、あしでは、親指以外に鋭い爪があります。そして、四肢は太く頑丈です。尾がなく、樹上ではバランスをとりづらそうですが、こうした特徴を使って、コアラはその生涯の大半をユーカリの木の上で過ごします。

昔の
コアラには
夜行性もいた?
?

次のページに
コアラの
昔の仲間が!

どうも、
オーストラリアが
生んだスターです

子は1頭だけ産むんだ。袋の中で育てたのち、背中に背負ってともに暮らすよ。

小さくって
よりカワイイでしょ?

小柄だけど
目は大きいコアラ

リトコアラ

DATA

学名:　*Litokoala dicksmithi*
読み方:　リトコアラ・ディックスミシ
頭骨の大きさ:　約10cm弱
（頭胴長は30cmほど?）
時代:　新生代第四紀
化石産地:オーストラリア
分類:　有袋類　カンガルー目
コアラ科

古生物

生きてたら
ライバル
だったわ……

現生のコアラによく似た姿をしているけれど、
ひと回り小型だ。

リトコアラは、現生のコアラに近縁とされる古生物です。

現生のコアラもリトコアラも、カンガルー（75ページ）などとともに、「有袋類」というグループに属しています。有袋類は文字通り、「袋」をもつ哺乳類で、小さな子を袋に入れて育てます。

有袋類の歴史は古く、中生代白亜紀前期にまで遡ることができます。当時、有袋類は世界各地に生息していました。しかし、新生代に入ると絶滅が相次ぎ、現在では南アメリカとオーストラリアだけにその子孫が残っています。

とくに、オーストラリアは、新生代古第三紀の終わりが近づくと、ほかの諸大陸から完全に孤立した大陸となりました。そのため、有袋類の独自の進化が進みました。リトコアラは孤立化の当初からオーストラリアにいましたが、ディックスミシは、第四紀になって出現した種です。

リトコアラ・ディックスミシは、現生のコアラより小柄で目が大きいことが特徴です。夜行性だったのではないか、とみられています。

たくさんの仲間がいた

「リトコアラ」の名前（属名）をもつ古生物は、複数種が報告されているよ。ここで紹介しているディックスミシは、2013年に報告されたばかりの種だ。

脚も長いし
ベロも長い!

キリン

Giraffe

DATA

学名：　*Giraffa camelopardalis*
読み方：　ギラッファ・カメロパルダリス
身長：　約5.7m
生息地：　アフリカ
分類：　鯨偶蹄類　キリン科

現生種

現在の地球で、最も身長の高い哺乳類です。高い位置の木の葉や若い芽を、45㎝以上も伸びる長い舌で器用に絡めとって食べます。長い首が最大の特徴ですが、実は、首をつくる骨の数は、私たちヒトと同じ7個しかありません。

次のページに
キリンの
昔の仲間が!

現在では、「首の長い動物」の代名詞であるキリンも、祖先は首の短い〝普通の動物〟でした。サモテリウムは、そんな祖先から進化していく途上にいた動物です。祖先と比べると、首の骨が少し長くなっています。なお、キリンの首は、「高い場所のものをとろうとして長くなった」のではなく、「首の長い個体が生き残った」という結果です。

キリンの首を短くした感じ

サモテリウム

DATA

学名：	***Samotherium***
読み方：	サモテリウム
肩高：	約1.5m
時代：	新生代新第三紀
化石産地：	アフリカ、ヨーロッパ、アジア
分類：	鯨偶蹄類　キリン科

古生物

ちょっと誰!?
中途半端って
言ったの!
未来の
キリンは
もっと長い?

動物園のキリンと同じようなツノをもっていたよ。

マイブームは
半身浴かな

大きな口を開けば迫力満点!!

カバ

"Hippo"

DATA

学名：	*Hippopotamus amphibius*
読み方：	ヒッポポタムス・アムフィビウス
頭胴長：	約3m
生息地：	アフリカ
分類：	鯨偶蹄類　カバ科

現生種

漢字では、「河馬」と書きます。この漢字が意味するように、半水棲の動物です。皮膚の表面が乾燥に弱いため、日中は川や湖といった水中で過ごし、夜になると草を食べるために上陸します。遺伝子を分析した結果、クジラ類と近縁であることがわかっています。

次のページに
カバの
昔の仲間が!
?

ずん胴な体が
特徴の巨漢カバ

ゴルゴノプスカバ

DATA

学名:	*Hippopotamus gorgonops*
読み方:	ヒッポポタムス・ゴルゴノプス
頭胴長:	約5m
時代:	新生代第四紀
化石産地:	アフリカ
分類:	鯨偶蹄類　カバ科

古生物

動物園にいるカバと同じ、ヒッポポタムスの仲間です。見た目も動物園のカバとよく似ていますが、胴体がとても長いこと、目の位置が高いことがゴルゴノプスカバの特徴です。ゴルゴノプスカバは第四紀の古生物ですが、カバ科自体は、新第三紀漸新世紀後期（約２８００万年前）に登場したとみられています。

家族全員
ヘビー級です
クジラと
親戚なのも
わかる……

大きな牙は、草を掘り起こすことに
役立ったと考えられているんだ。

気は優しくて力持ち

ニシゴリラ

Western Gorilla

DATA

学名:	*Gorilla gorilla*
読み方:	ゴリラ・ゴリラ
身長:	約1.8m
生息地:	アフリカ
分類:	霊長類　ヒト科

現生種

ニシゴリラは、現在の地球において、最大の霊長類です(ヒトをのぞく)。がっしりと太い四肢や長い犬歯を見ると、怖さを感じるかもしれません。しかし、実際にはとても温厚な動物で、野生では森の中で3~20匹の群れをつくって、果実や葉、茎や種子などを食べて暮らしています。

巨人は実在したのか!?

次のページにゴリラの昔の仲間が!

史上最大と言われる幻の霊長類

ギガントピテクス

DATA

学名：	*Gigantopithecus blacki*
読み方：	ギガントピテクス・ブラッキ
身長：	約3m
時代：	新生代第四紀
化石産地：	中国、東南アジア
分類：	霊長類　ヒト科

古生物

史上最大の霊長類として知られています。ただし、実際に発見されている化石は、歯と下顎の骨だけ。そのため、「頭部が大きいだけで、サイズはゴリラ程度」という指摘もあります。サイズ以外にも謎の多い霊長類ですが、2019年に発表された研究では、オランウータンの近縁だったのではないか、と指摘されています。

ロマンの分だけ僕は大きくなるのさ
ゴリラも子ザル同然だ!

本当にゴリラのような容貌だったのかも、実はよくわかっていません。

眠れない人は
シマの数を
数えてみよう!

サバンナをかける
野生馬

サバンナシマウマ

Burchell's Zebra

DATA

学名: *Equus burchelli*
読み方: エクウス・ブルチェリ
肩高: 約1.5m
生息地: アフリカ
分類: 奇蹄類　ウマ科

現生種

シマウマにはいくつかの種があり、種によって縞模様に特徴があります。サバンナシマウマは、腹まで縞模様が伸びていることがポイント。野生では、ときに大規模な群れをつくり、食事の9割は草を食べます。生後間もない幼体も、早い時期に成体と同じ草を食べはじめます。

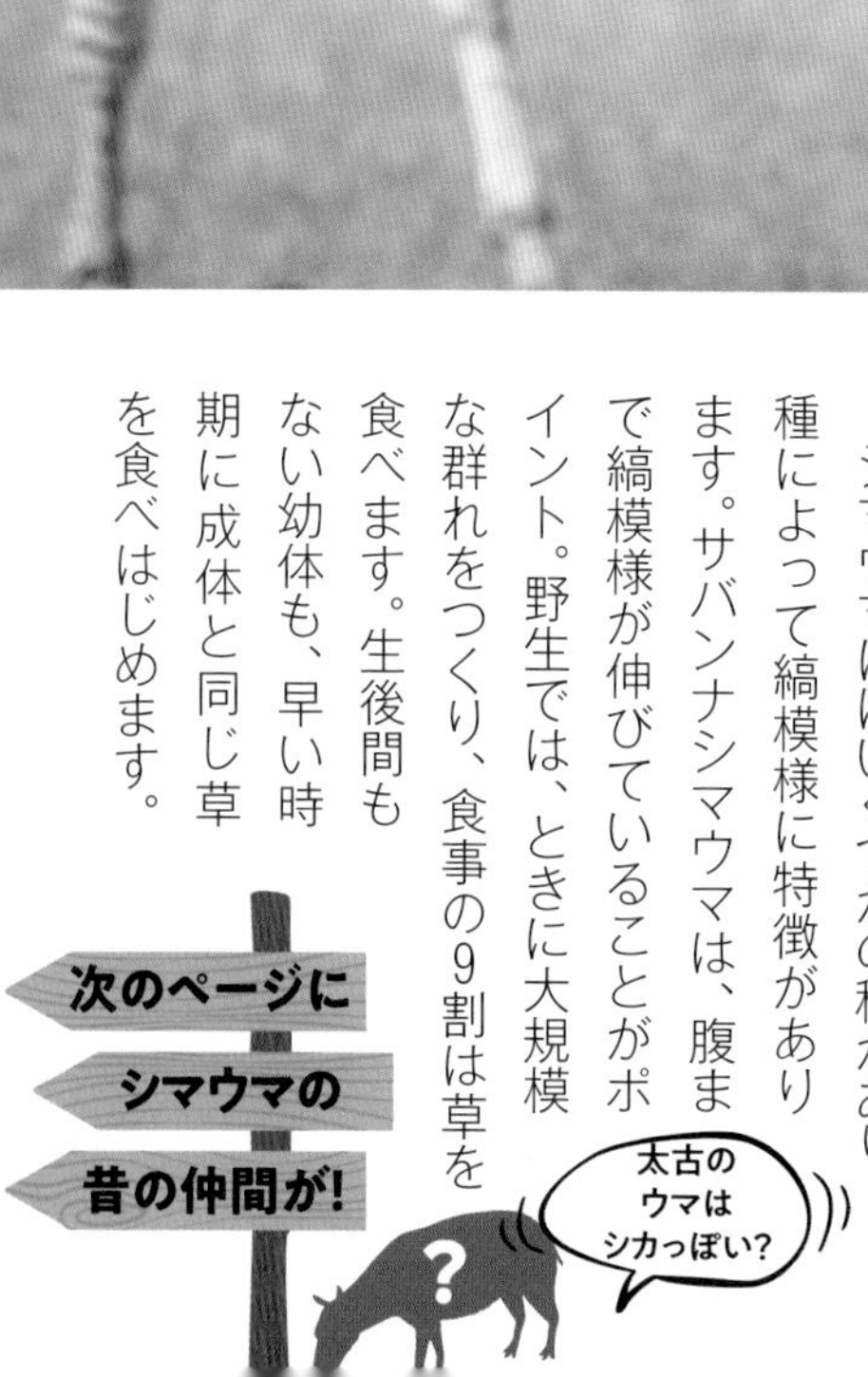
次のページに
シマウマの
昔の仲間が!
太古の
ウマは
シカっぽい?

最も古い姿をしたウマ

エオヒップス

DATA

学名：	***Eohippus***
読み方：	エオヒップス
肩高：	約40cm
時代：	新生代古第三紀
化石産地：	アメリカ、メキシコ
分類：	奇蹄類　ウマ科

古生物

ウマというよりは、どことなく小型のシカに見えそうなこの動物は、ウマ科における最初期の動物です。現生のウマ科の動物と異なり、草はほとんど食べず、木の多い地域に暮らし、葉を食べていたとみられています。現生のウマ科の動物のあし先は、前後ともに1本指であることに対し、エオヒップスは前あしに4本、後ろあしに3本の指がありました。

あしの指が
複数あるよ
ロバより
小さい
じゃん!

生きていた当時の地球には現在のような草原はなく、森林が広がっていたんだ。

だんだんとウマに
進化中!

メソヒップス

DATA

学名:　*Mesohippus*
読み方:　メソヒップス
肩高:　約60cm
時代:　新生代古第三紀
化石産地:　アメリカ、カナダ
分類:　奇蹄類　ウマ科

古生物

指が少なくなった

前4本、後ろ3本だったエオヒップスと異なり、
メソヒップスの前あしは3本指だった

初期のウマ科の動物の1つで、エオヒップスより新しい時代に生きていました。ウマ科の進化において、エオヒップスの〝進化の次の段階〟にあたる動物として知られています。

ウマ科の動物は、進化が進むにつれ大型化し、あしが長くなっていきます。そのあし先は最も長い中指（第三指）だけを接地するようになり、その分、1歩の歩幅が広くなりました。そして、残りの指は小さくなり、消失します。

ウマ科の進化は、急速に拡大した草原にともなうものと考えられています。広い歩幅で草原を駆るようになったことで、ウマ科の動物は今日へと続く繁栄を勝ち取ったのです。

メソヒップスは、その進化の途上にいた動物です。エオヒップスと比べると、草原にかなり適応しています。しかし、まだ、あしには中指以外の指が残っていました。一方で、明らかに中指が大きくなっています。

草を食べることにはまだ適しておらず、エオヒップスと同じように木の葉を食べていたようです。

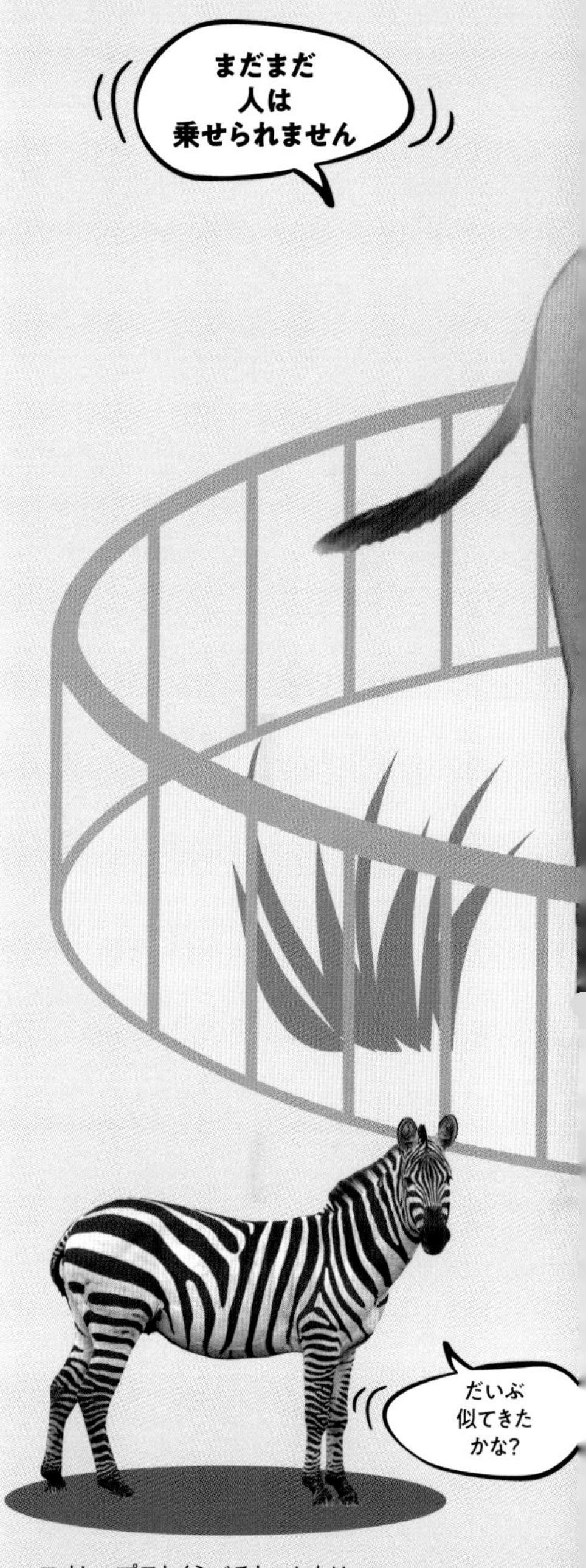
まだまだ
人は
乗せられません
だいぶ
似てきた
かな?

エオヒップスとくらべると、かなり
大きくなったよ

CHAPTER 2

第2章

＼もっと知りたい！／

あの哺乳類たちのルーツ

カピバラやハダカデバネズミ、
シマクサマウスなど、
ファンが多い動物たちのルーツやその仲間も大検証!
今も昔もかわいいことには変わりない!?

トランス
フォ〜〜ム!!

硬い装甲に覆われた
丸くなれるアルマジロ

ミツオビアルマジロ

Brazilian Three-banded Armadillo

DATA

学名: *Tolypeutes tricinctus*
読み方: トリペウテス・トリチンクトゥス
頭胴長: 約27cm
生息地: 南アメリカ
分類: 被甲類 アルマジロ科

現生種

アルマジロ科の哺乳類は、背中を硬い骨の板で覆っています。アルマジロ科には約20種のアルマジロが属していて、大きさも生態もさまざまです。アルマジロの仲間は攻撃を受けると、丸くなって身を守ることができますが、「完全な球形」になることができるのは、ミツオビアルマジロと、その近縁のマタコミツオビアルマジロの2種だけです。

次のページに
アルマジロの
昔の仲間が!

背中に3本の帯のような骨の並びがあることが、その名前の由来だ。

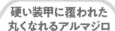

重厚な鎧に守られた巨大なアルマジロ

プロプラオプス

DATA

学名: *Propraopus*
読み方: プロプラオプス
頭胴長: 約1.3m
時代: 新生代第四紀
化石産地: 南アメリカ
分類: 被甲類　アルマジロ科

古生物

アルマジロ科における最大級の哺乳類です。背中を覆う骨の板だけで、ミツオビアルマジロ30頭分以上の重さがありました。

アルマジロ科の歴史は古く、遅くても約５６００万年前には出現していたことがわかっています。恐竜類の大絶滅で知られる中生代末の大量絶滅事件から１０００万年を待たずして、登場していたことになります。

その後、現在に至るまで、とくに衰退することなく、アルマジロ科は一定の繁栄を維持し続けてきました。繁栄の理由の１つとして、口に入るものであれば、何でも食べるという雑食性があるのではないか、と指摘されています。

プロプラオプスは、そんなアルマジロ科のなかでは、〝後発組〟の１つです。背中に〝帯〟があることから、丸くなることはできたとみられています。しかし、ミツオビアルマジロのように、完全な球形になることができたかどうかはわかっていません。

直径１ｍ、長さ10ｍ以上の巣穴を地中に掘っていた、という仮説もあります。

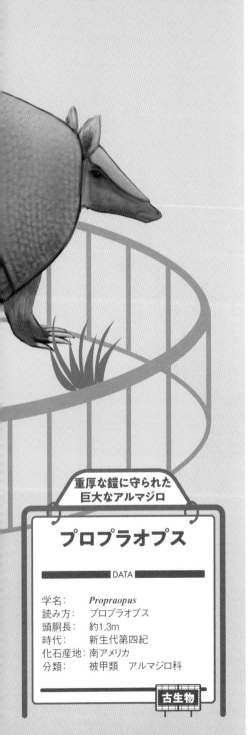

背中に帯のような骨の並びが
あることがポイントだ。

大きな〝鎧〟

骨の板でできた背中の板は、長さ1m超、重さ50kgという大きさだ。現代日本の中学生を背中に背負っているようなものだぞ。

攻めも守りも
ぬかりない被甲類

ドエディクルス

DATA

学名:	***Doedicurus***
読み方:	ドエディクルス
全長:	約4m
時代:	新生代第四紀
化石産地:	南アメリカ
分類:	被甲類　グリプトドン科

古生物

グリプトドン科における最大級の哺乳類です。グリプトドン科は、アルマジロ科とともに被甲類に属しています。アルマジロ科の哺乳類と比べると、グリプトドン科の哺乳類の背の板には、帯構造がないことが特徴です。ドエディクルスは、太い尾の先に骨でできたトゲ付きのコブがあり、「知られているなかで、最も武装した哺乳類」と評されています。

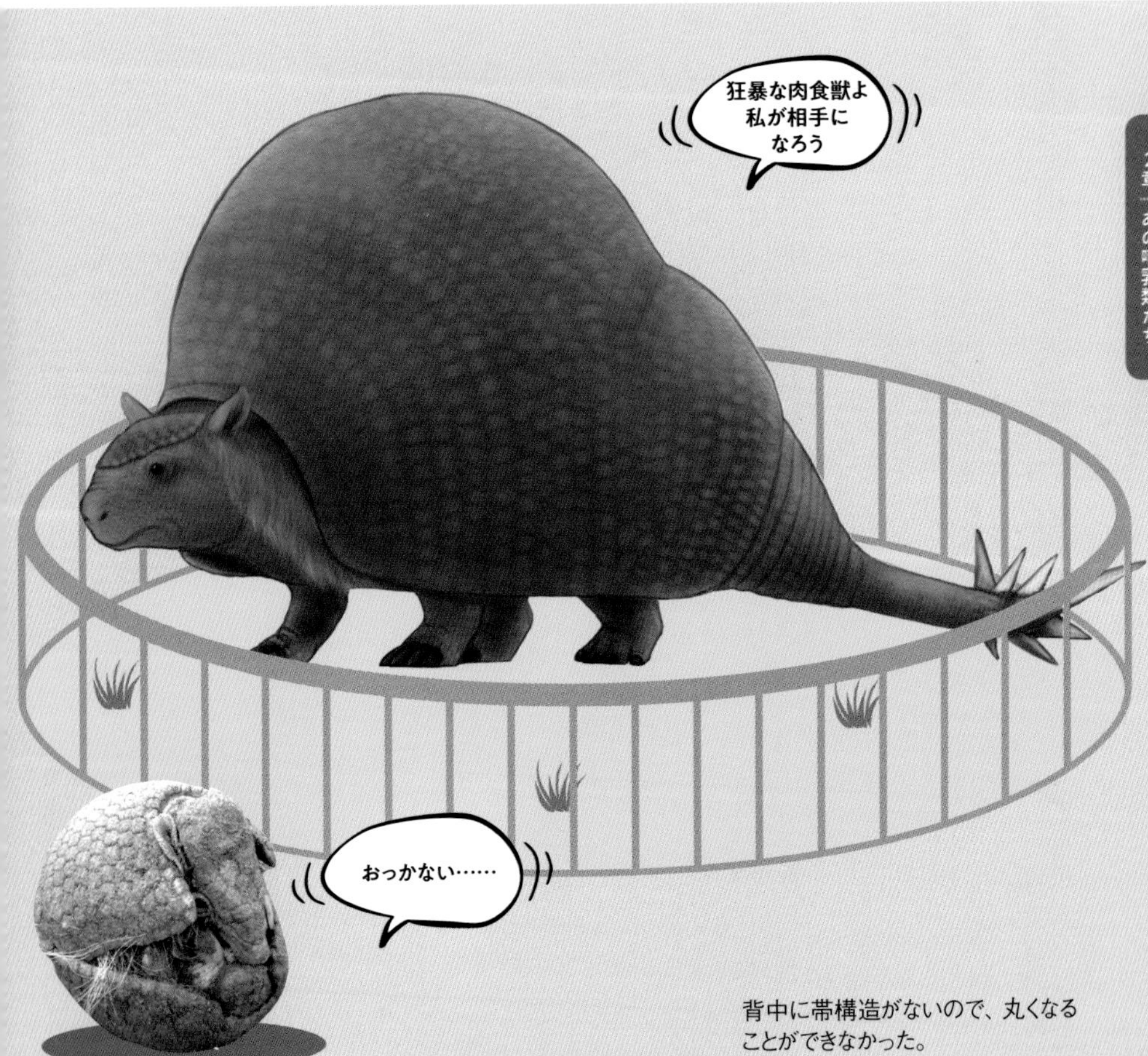
狂暴な肉食獣よ
私が相手に
なろう
おっかない……

背中に帯構造がないので、丸くなることができなかった。

サンタクロースとは
マブダチです

寒い大地に暮らす
大型のシカ

トナカイ

Reindeer

DATA

学名:	*Rangifer tarandus*
読み方:	ランギファー・タランドゥス
肩高:	約1.4m
生息地:	ユーラシアと北アメリカの北極圏域
分類:	鯨偶蹄類　シカ科

現生種

現生のシカ科で唯一、オスにもメスにもツノがあります。蹄《ひづめ》の幅が広いため、冬の雪の上を自在に歩くことができます。野生のトナカイは、数十万頭で群れを組み、1年間で5000㎞以上移動することもあります。現在の陸棲哺乳類で最大の移動距離といわれています。

次のページに
トナカイの
昔の仲間が!

インパクトがすごい
超特大のツノ
ギガンテウスオオツノジカ
Irish Elk
DATA
学名: *Megaloceros giganteus*
読み方: メガロケロス・ギガンテウス
肩高: 約1.8m
時代: 新生代第四紀
化石産地: ユーラシア各地
分類: 鯨偶蹄類　シカ科
古生物

　ギガンテウスオオツノジカの学名を見ると、「巨大」を意味する「メガ（*Mega*）」という文字と、ほぼ同じ意味である「ギガ（*giga*）」という文字が入っています。つまり、それほどまでにこのシカの〝巨大性〟が強調されているということです。

　いったい何が「巨大」なのでしょう？　それはもちろん、「ギガンテウスオオツノジカ」という和名が示唆するように、ツノです。学名の「ケロス（*ceros*）」に「ツノ」という意味があります。

　ギガンテウスオオツノジカのツノは、左のツノの左端から右のツノの右端までの幅が実に3ｍもありました。この幅は、現代日本を走る一般的な電車車両の横幅を上回る長さです。しかも、単純に長いだけではなく、このツノは付け根から離れてすぐに大きく広がっていました。

　かつて、その姿を目撃した人類にもかなり大きな衝撃を与えたらしく、フランスのラスコー洞窟に残る約2万年前の壁画に、ギガンテウスオオツノジカがいくつも描かれています。

かつて、人類もその姿を目撃していたぞ!

アイルランドのヘラジカ?

「**Irish Elk**」は、「アイランドのヘラジカ」という意味。とはいえ、アイルランド以外でも化石は見つかるし、ヘラジカと関係があるわけでもない。

日本各地にいた
和製オオツノジカ

ヤベオオツノジカ

DATA

学名：	***Sinomegaceros yabei***
読み方：	シノメガロケロス・ヤベイ
肩高：	約1.7m
時代：	新生代第四紀
化石産地：	日本
分類：	鯨偶蹄類　シカ科

古生物

ヤベオオツノジカは、「日本版オオツノジカ」ともいえるシカ科の哺乳類です。左のツノの左端から右のツノの右端までの幅は、1.5mほどでした。特徴的なそのツノは、左右それぞれツノの根元で2方向に分かれ、その先端はまるでヒトの手のように広がっていました。化石は日本各地から発見されています。

〝バンザイ〟
してるみたい？
日本のシカも
負けてないな～

ヤベオオツノジカの「矢部」は、古生物学者の矢部長克さんにちなむものだ。

俺のキックには
気をつけな!

オーストラリアを
代表する有袋類

アカカンガルー

Red Kangaroo

DATA

学名: *Macropus rufus*
読み方: マクロプス・ルフス
頭胴長: 約1.4m
生息地: オーストラリア
分類: 有袋類　カンガルー科

現生種

立ち上がったときの身長は2mほどになります。現在の地球にいる有袋類のなかで、最も背の高い種です。大きくて強力な後ろあしで跳ねながら移動し、その速度は時速60㎞に達します。1回の出産で生まれる子は1頭だけで、生後190日間は母の袋の中で過ごします。

次のページに
カンガルーの
昔の仲間が!
?

ジャンプは苦手な史上最大のカンガルー

プロコプトドン

DATA

学名:	***Procoptodon***
読み方:	プロコプトドン
頭胴長:	約2m
時代:	新生代第四紀
化石産地:	オーストラリア
分類:	有袋類　カンガルー科

古生物

カンガルー科は、1000万年以上の歴史をもつ有袋類のグループです。当初は小型種でしたが、その後、多数の中型種や大型種を生み出しました。プロコプトドンは、史上最大のカンガルーです。立ち上がったときの身長は3m、体重は240kgに達したとみられています。アカカンガルーのような「跳ねる移動」はできなかったようです。

跳んだり跳ねたりはできかねますね
ポケットも大容量?

吻部（口先）が寸詰まりな点も、アカカンガルーとの大きな違いだ。

「あんたがたどこさ」はきらいです

日本人に馴染み深いイヌ科の珍獣

タヌキ

Raccoon Dog

DATA

学名:	*Nyctereutes procyonoides*
読み方:	ニクテレウテス・プロキオノイデス
頭胴長:	約60cm
生息地:	東アジア、ヨーロッパ
分類:	食肉類　イヌ科

現生種

イヌ科のなかではかなり珍しく、木に登り、樹上で生活することができます。野生種は夜行性で、イヌ科のなかでは唯一、冬眠をします。本来の生息地は東アジアです。しかし、毛皮にするためにもちこまれたため、現在ではヨーロッパでも広く分布しています。雑食性です。

次のページに
タヌキの
昔の仲間が!

すべてのイヌたちの
ご先祖さま

ヘスペロキオン

DATA

学名：	*Hesperocyon*
読み方：	ヘスペロキオン
頭胴長：	約40cm
時代：	新生代古第三紀
化石産地：	アメリカ、カナダ
分類：	食肉類　イヌ科

古生物

タヌキに限らず、すべてのイヌ科のなかで最も初期の動物です。イエイヌ、オオカミ、キツネ、クマ、タヌキなどは皆、ヘスペロキオンのような動物から進化したとみられています。現生のイヌ科の動物のほとんどは樹木を登ることはできませんが、ヘスペロキオンはタヌキのように樹上生活も可能だったとされています。

チワワも
ヒグマも元を
たどれば僕さ!
ぼくたちも
イヌ科です

かかとをつけて歩く、という初期の食肉類などにみられる特徴があるよ。

ストップ!
地球温暖化

現在の地球において、最大の陸上動物の1つです。全身が白く見える毛皮で覆われているため、「シロクマ」とも呼ばれます。その毛皮は、クマ科随一と言われるほどの厚さがあります。クマ科の動物の多くは雑食性ですが、ホッキョクグマは肉食性です。時速55㎞で走ることができます。

北極に暮らす
最大級の陸棲肉食獣

ホッキョクグマ

Polar Bear

DATA

学名:	*Ursus maritimus*
読み:	ウルスス・マリティムス
頭胴長:	約3m
生息地:	北極圏の沿岸地帯
分類:	食肉類　クマ科

現生種

次のページに
ホッキョクグマの
昔の仲間が!
群れで
暮らしてた?
?

新生代第四紀の哺乳類のなかには、洞窟を利用していたとみられる種類がいくつもいます。28ページで紹介したホラアナライオンのほか、ホラアナハイエナなどもその化石が発見されています。

　ホラアナグマは、そうした「洞窟で暮らしていた哺乳類」の1つで、その代表的な存在です。現生のクマ類、たとえばヒグマと比べると、からだに対しての頭骨の割合が大きく、あしが短いという特徴があります。

　ホラアナグマは、ヨーロッパで大繁栄した動物です。洞穴の中からたくさんの化石が見つかっています。中世には、この化石に目をつけた商人たちによって化石が持ち出され、砕かれて、薬として売られていました。当時、ユニコーンやドラゴンが生きていると考えられ、その骨は〝万能の薬〟とされていました。ホラアナグマの化石は、そうした想像上の怪異の骨とされていたのです。

　ホラアナグマ自身は植物食性ですが、鋭い歯と強力な手足をもっています。「当時の世界で、最恐の動物の1つ」ともいわれています。

太古に大繁栄した
洞窟に棲むクマ

ホラアナグマ

Cave Bear

DATA

学名:	*Ursus spelaeus*
読み:	ウルスス・スペラエウス
頭胴長:	約2m
時代:	新生代第四紀
化石産地:	ユーラシア北部各地
分類:	食肉類　クマ科

古生物

こう見えて
結構インドア派
なんで……
洞窟暮らし
楽しそ〜!

大きさは、現代の北海道に暮らすヒグマと同じくらいだ。

洞窟内で群れで?

ルーマニアのある洞窟からは、140を超えるホラアナグマの化石が見つかっている。群れで暮らしていたのだろうか?

基本裸族なの♥

アリのような生活をするネズミ

ハダカデバネズミ

Naked Mole Rat

DATA

学名:	*Heterocephalus glaber*
読み:	ヘテロケファルス・グラバー
頭胴長:	約9cm
生息地:	エチオピア、ソマリア、ケニア
分類:	齧歯類 デバネズミ科

現生種

地下で暮らす哺乳類です。哺乳類としては変わった生態をもっており、1匹の女王と、数十匹の子で群れをつくっています。群れのなかで子の役割は分かれていて、幼体を世話するもの、穴を掘るもの、外敵から群れを守るものなどがいます。口から飛び出た歯と前あしの鋭い爪で土を削り、ときには総延長1㎞にもなる穴を掘ります。

ポ○モンに
出てきそう?

次のページに
ネズミの
昔の仲間が!

その名の通り、体表は薄い毛がまばらにあるだけで、ほとんど裸だ。

齧歯類《げっしるい》は、現在の地球で大繁栄しているグループで、現生種数は約2300種におよびます。この数は、哺乳類全体の4割を超えています。哺乳類で随一の多様性を誇っているグループなのです。

知られている限り最も古い齧歯類は、新生代古第三紀の初頭に登場し、その後、瞬く間に種を増やしてきました。ケラトガウルスは、多様化していく途中に出現したミラガウス科というグループの代表的な存在です。齧歯類としては珍しく、眼の前の位置から真上に向かって伸びる小さなツノを2本もっていました。

特徴的な2本のツノですが、実はその役割はわかっていません。オスにしかなかったのではないか、という指摘もあります。

ツノばかりが注目されますが、頑丈で強力な前あしも特徴の1つ。この前あしを使って地面に穴を掘り、地中で暮らしていたと考えられています。

なお、英語の「**Horned Gopher**」は、「ツノのあるホリネズミ」という意味です。

2本のツノをもつ地中暮らしのネズミ

ケラトガウルス

Horned Gopher

DATA

学名：　*Ceratogaulus*
読み：　ケラトガウルス
頭胴長：　約40cm
時代：　新生代新第三紀
化石産地：アメリカ
分類：　齧歯類　ミラガウス科

古生物

名前が変わった!?

かつては「エピガウルス(***Epigaulus***)」という名前で親しまれていた。近年になってケラトガウルスという名前が使われるようになったんだ。

1対2本の小さなツノがトレードマークだ。

パトカーと
間違えないでね

夢喰い伝説を
もつ白黒の奇蹄類

マレーバク

Malayan Tapir

DATA

学名:　*Tapirus indicus*
読み:　タピルス・インディクス
頭胴長:　約2.5m
生息地:　東南アジア
分類:　奇蹄類　バク科

現生種

白と黒。まるでパトカーのようなツートンカラーが特徴的なバク科の動物です。動物園で見ると、マレーバクのカラーは目立って見えます。しかし、野生のマレーバクは、森のなかで暮らしていて、夜間に活動しています。すると、このツートンカラーがマレーバクの輪郭をぼかし、天敵から発見されにくくなるのです。

次のページに
バクの
昔の仲間が!
ウマ?
ゴリラ?

奇蹄類なのにナックルウォーク

カリコテリウム

DATA

学名:	*Chalicotherium*
読み:	カリコテリウム
肩高:	約1.8m
時代:	新生代新第三紀
化石産地:	アジア、ヨーロッパ、アフリカ
分類:	奇蹄類　カリコテリウム科

古生物

奇蹄類における絶滅グループの1つが、カリコテリウム科です。カリコテリウムは、その代表といえます。カリコテリウムは、奇蹄類であるにもかかわらず、前あしの爪は「蹄」ではなく、「鉤爪」になっていました。歩くときは手を丸めて、拳を地面につくようにしていたとみられています。前あしが後ろあしより長いことも特徴の1つです。

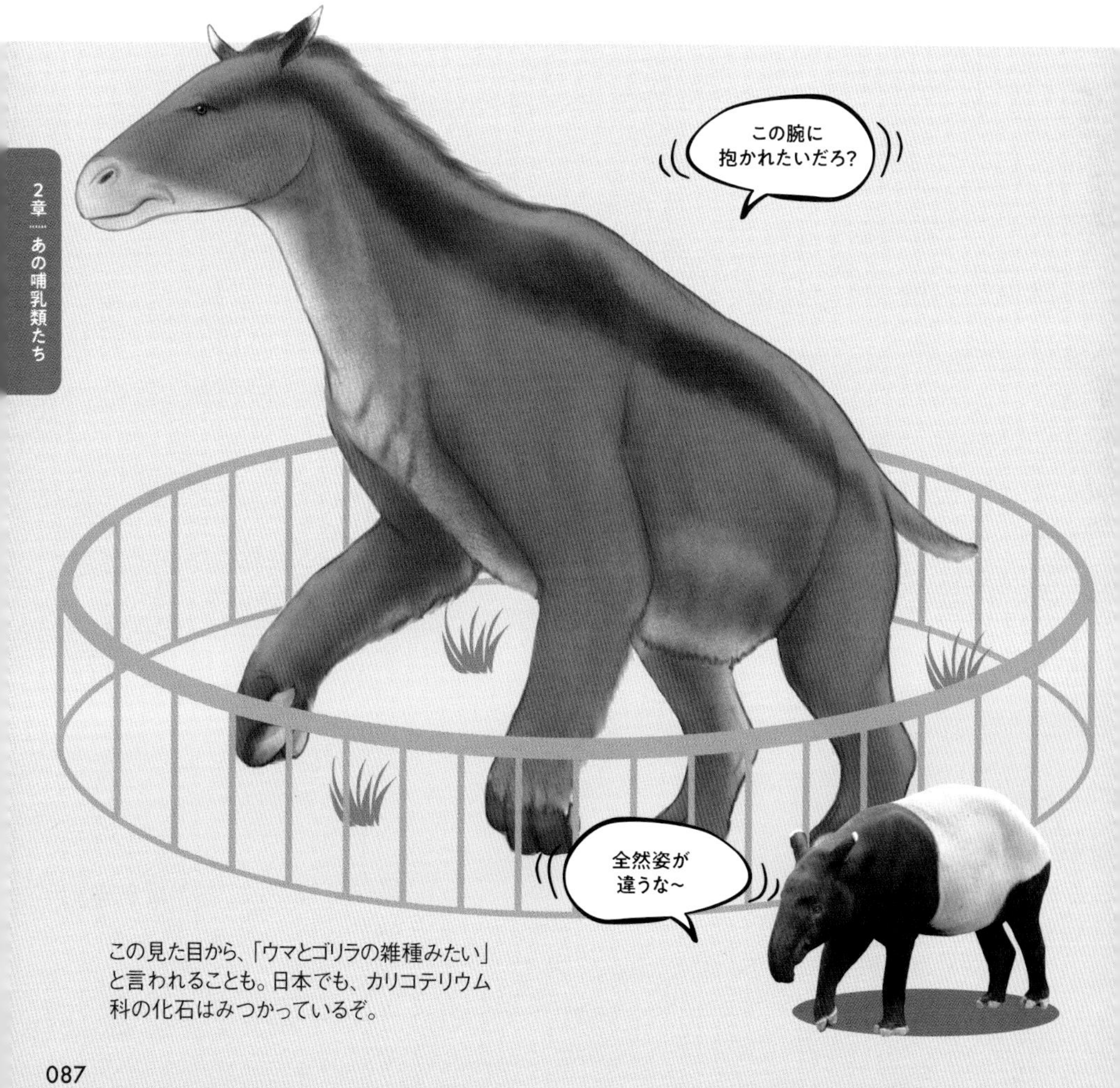
この腕に抱かれたいだろ?
全然姿が違うな～

この見た目から、「ウマとゴリラの雑種みたい」と言われることも。日本でも、カリコテリウム科の化石はみつかっているぞ。

〝癒し系〟で
やらして
もらってます

世界最大の齧歯類はのんびり屋

カピバラ

Capybara

DATA

学名:	*Hydrochoerus hydrochaeris*
読み:	ハイドロコエルス・ハイドロカエリス
頭胴長:	約130cm
生息地:	南アメリカ
分類:	齧歯類 カピバラ科

現生種

現在の地球に生きている齧歯類のなかで、最大の種です。体重は66kgにも達します。頭胴長は大型犬並みですが、体重は成人男性ほどもあります。野生のカピバラは群れをつくって暮らしています。朝は休み、日中の暑い時間は川や沼、池などで水浴びをします。手の一部に小さな水かきがあり、泳ぐことも潜ることもとても上手です。

次のページに
カピバラの
昔の仲間が!

「ハイドロコエルス」という名前は「水の豚」という意味だぞ。

謎多き
幻の巨大齧歯類
ホセフォアルティガシア
DATA
学名: *Josephoartigasia*
読み: ホセフォアルティガシア
頭胴長: 約3m
時代: 新生代新第三紀
化石産地: ウルグアイ
分類: 齧歯類
古生物

史上最大の齧歯類です。頭胴長はカピバラの2倍を上回る3m、体重はカピバラの約15倍に相当する1tにも及びました。

とても顎の力の強い動物だったとみられています。前歯のかむ力は、1400ニュートンに達したとされ、この値は、現生のトラとほぼ同等です。そして、奥歯のかむ力は、前歯の3倍以上に相当する5200ニュートンに達したとされます。

これほどの巨体で、そして、強力な齧歯類が、いったいどのように暮らしていたのかは謎に包まれています。カピバラのように、水中で暮らすことが得意だったのかどうかもわかりません。

強力なかむ力は、捕食者から身を守るために役立ったという見方があります。ただし、体重1tもの動物を襲うことができる動物がどれだけいたのかはわかっていません。

一方で、その力は、土を掘ることに使われていたのではないか、とも指摘されています。土を掘って、樹木の根などを食べていたのかもしれません。

「“ネズミ”は小さい」
なんて誰が決めた？

3mはデカすぎ!!

「ジョセフォアルティガシア」とも呼ばれている。

謎の巨大齧歯類

全身の化石が見つかっているわけではないので、この姿は実は想像だ。たいていの場合、カピバラをモデルにして復元されるぞ。

普通にお肉も
食べます

ぬいぐるみのような
アイドル珍獣

レッサーパンダ

Lesser Panda

DATA

学名：	*Ailurus fulgens*
読み：	アイルルス・フルゲンス
頭胴長：	約65cm
生息地：	アジア （ヒマラヤ周辺から中国南部）
分類：	食肉類 レッサーパンダ科

現生種

赤茶色の毛が特徴的な食肉類です。尾には輪状の縞模様があります。こうした毛のようすは、野生で暮らすレッサーパンダにとっては保護色となります。森林の色に溶け込むのです。樹上で暮らすことが多く、雌は樹上の巣で子を産みます。竹を主食とし、小型の哺乳類なども食べます。

次のページに
レッサーパンダの
昔の仲間が!
実は、パンダの
クマ科よりスカンクや
イタチに近縁なんだ
?

現生種よりも大型のレッサーパンダ

パライルルス

DATA

学名：	***Parailurus***
読み：	パライルルス
全長：	約1.5m?
時代：	新生代新第三紀
化石産地：	世界各地
分類：	食肉類　レッサーパンダ科

古生物

絶滅したレッサーパンダ科の1つ。現生種と異なり、世界各地に分布していました。「パライルルス」の名前(属名)をもつ種はいくつかいて、そのなかには全長1・5mほどの大型種もいたとみられています。そうした大型種は、『平家物語』や『源平盛衰記』などに登場する怪異、「鵺」のモデルだったのではないか、という指摘もあります。

世界中に
仲間がいたよ
日本にも
いたのかな～

「頭は猿、背は虎、尾は狐、足は狸」という鵺の描写が、レッサーパンダを彷彿とさせるんだ。

どうも、世界3大
珍獣です

「森の貴婦人」の
異名をもつ珍獣

オカピ

Okapi

DATA

学名：　*Okapia johnstoni*
読み：　オカピア・ジョンストニ
肩高：　約1.8m
生息地：　アフリカ
（中央部の熱帯雨林）
分類：　鯨偶蹄類
キリン科

現生種

キリン科の哺乳類ですが、キリンほど首は長くありません。一方で、キリンと同じように長い舌をもち、樹木の葉などを絡め取るようにとって食べます。あしとお尻にシマウマのような縞模様があることが特徴です。野生種は群れをつくらず、鬱蒼と茂った森のなかで単独で暮らしています。

次のページに
オカピの
昔の仲間が!

ツノが
かっこいい!!

翼のように広がったツノが特徴の、首の短いキリン科の哺乳類です。キリン科は、〝首がやや長い祖先種〟から、2つに分かれて進化してきたと考えられています。1つは次第に首が長くなっていき、現生のキリンへとつながる進化。もう1つは、シバテリウムのような段階を経て、首が短くなっていき、オカピへとつながる進化です。

神の名をもつ
首がやや長いキリン

シバテリウム

DATA

学名：	*Sivatherium*
読み：	シバテリウム
肩高：	約2.2m
時代：	新生代新第三紀
化石産地：	世界各地
分類：	鯨偶蹄類　キリン科

古生物

今のキリンの首が長すぎて私の首が短く見える……
どんな模様だったのかな?

シバテリウムの「シバ」は、ヒンドゥー教の神様にちなむ名前だ。

こう見えて
趣味はロック
クライミングです

岩場に群れで
暮らす菜食主義者

ケープハイラックス

Cape Hyrax

DATA

学名: *Procavia capensis*
読み: プロカヴィア・カペンシス
頭胴長: 約60cm
生息地: アフリカ（岩の多い地域）
分類: ハイラックス類
ハイラックス科

現生種

ずんぐりとした動物です。尾はなく、あしの裏は自身の分泌物によって常に湿っていて、岩の斜面を登るときにおおいに役立っています。野生のケープハイラックスは、ときに40頭ほどの群れを組みます。岩場の裂け目などを巣にしていて、たいていの植物を食べることができます。

次のページに
ハイラックスの
昔の仲間が!
昔はデカ
かった!?
?

ハイラックス類で
最大種

メガロハイラックス

DATA

学名：　*Megalohyrax*
読み：　メガロハイラックス
頭胴長：約2m
時代：　新生代古第三紀
化石産地：北アフリカ
分類：　ハイラックス類
　　　　プリオハイラックス科

古生物

ハイラックス類は、「岩狸類」とも呼ばれるグループです。ただし、「タヌキ（イヌ科）」とは関係なく、ゾウ類と近縁に位置づけられています。メガロハイラックスはそんなハイラックス類のなかでは大型で、頭部だけでも40㎝もの大きさがありました。どことなく、サイのものを彷彿とさせるような臼《きゅう》歯《し》をもっていました。

“ボス”と
お呼び!
大きいなぁ～

ハイラックス類は、全盛期には地中海周辺地域やアジアにも分布していたぞ。

シマ模様が
トレードマーク

縞模様が
かわいらしいネズミ

シマクサマウス

Barbary Striped Grass Mouse

DATA

学名:	*Lemniscomys barbarus*
読み:	レムニスコミス・バーバルス
頭胴長:	約10cm
生息地:	アフリカ
分類:	齧歯類　ネズミ科

現生種

背中の縞模様が特徴のネズミです。草や種子などを主食とし、昆虫を食べることもあります。野生種は夜行性で、乾燥した草原地帯で暮らしています。とても敏捷《びんしょう》で、ジャンプ力があります。臆病な性格の個体が多く、危険を感じるとすぐに逃げ出します。ときには、他の動物の巣穴に逃げることも。近縁種には同じように縞模様のあるものがいます。

次のページに
マウスの
昔の仲間が!

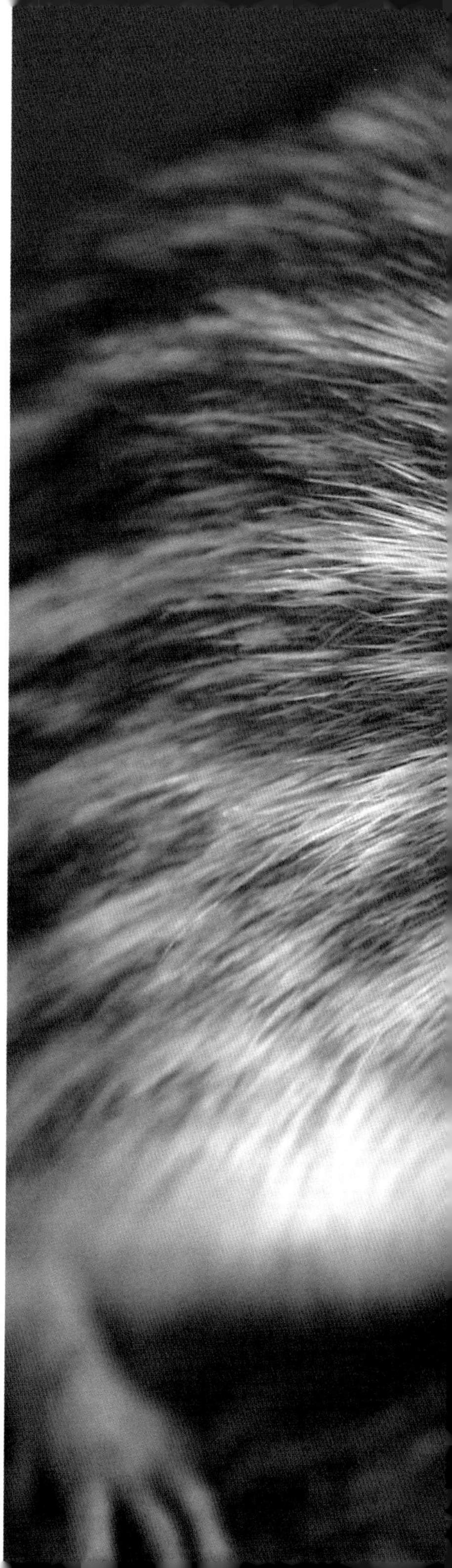

「ウリボウマウス」と呼ばれることもある

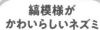

シマクサマウスの仲間は、ネズミ科で唯一、シマリスのような縞々模様をもっています。98ページで紹介したシマクサマウスのほかにも、「ホシクサマウス」と呼ばれる「レムニスコミス・ストライアタス（***Lemniscomys striatus***）」などがその代表です。

一方、こうした「模様」は、古生物学では「悩みのタネ」です。色も模様も化石に残らないことが多いので、絶滅した古生物がいったいどのような模様をもっていたのか、手がかりがほとんどないのです。

カルニマタは、シマクサマウスの祖先の、祖先の、そのまた祖先です。そのため、シマクサマウスのような模様をもっていた可能性があります。

そこで今回は、シマクサマウスなどを参考に、カルニマタの模様を復元してみました。

この模様が正しいかどうかはわかりませんが、シマクサマウスの祖先がいつ縞模様をもつようになったのか、なぜ縞模様をもつのかは、注目すべきテーマの1つです。

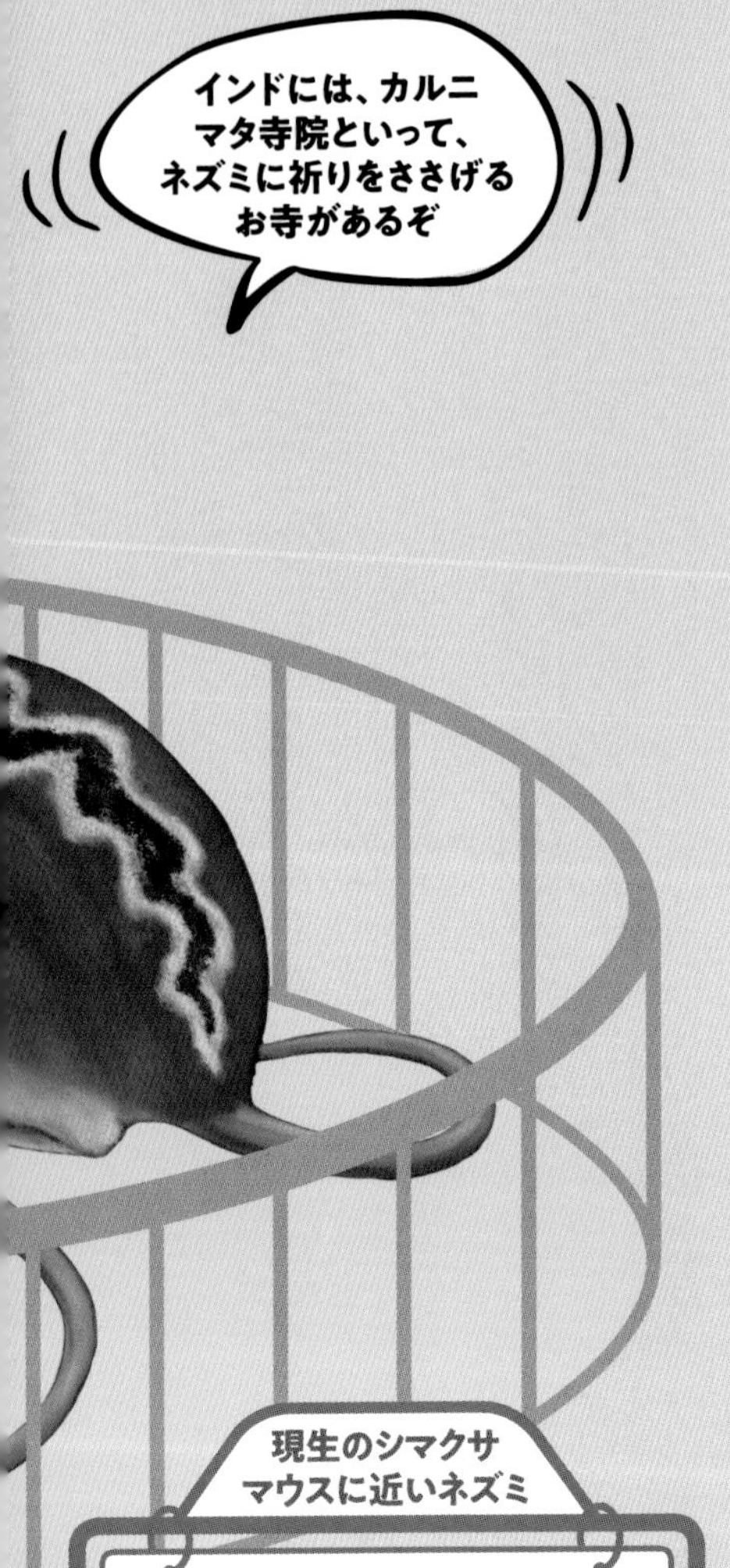
インドには、カルニマタ寺院といって、ネズミに祈りをささげるお寺があるぞ
現生のシマクサマウスに近いネズミ

カルニマタ

DATA

学名：　*Karnimata*
読み：　カルニマタ
頭胴長：　約15cm
時代：　新生代新第三紀
化石産地：パキスタン、ケニア、（ギリシア）
分類：　齧歯類　ネズミ科
※ギリシア産の化石は、分類について議論中。

古生物

古生物の縞模様を
考えてみよう。

たくさんの仲間がいる!

カルニマタには、たくさんの近縁種がいた。
現生のシマクサマウスもその1つだ

みんなのアイドル
でぇ〜す♥

動物園や
水族館の人気者

コツメカワウソ

Oriental Short-clawed Otter

DATA

学名:	*Aonyx cinerea*
読み:	アオニクス・シネレア
頭胴長:	約60cm
生息地:	アジア
分類:	食肉類　イタチ科

現生種

カワウソの仲間は、頭胴長1m前後という種が少なくありません。そんなグループにおいて、コツメカワウソは最も小型です。野生のコツメカワウソは、カワウソの仲間としてはめずらしく、魚を主食とせず、イガイ、カニ、カエルなどを食べ、10数匹程度の群れをつくって暮らしています。

次のページに
カワウソの
昔の仲間が!
?
わくわく♪

イタチ科最大級の
どう猛なハンター

ペルニウム

DATA

学名：	*Perunium*
読み：	ペルニウム
頭胴長：	約1m
時代：	新生代新第三紀
化石産地：	ヨーロッパ
分類：	食肉類　イタチ科

古生物

カワウソの仲間は、イタチ科に分類されます。イタチ科は、新生代古第三紀のなかばに登場し、その後、次第に種数を増やしてきました。ペルニウムは、そんな古今東西のイタチ科の哺乳類のなかで、最も大きなからだをもつ種類の1つです。陸上で暮らし、がっしりとした頭骨と歯が特徴で、どう猛な肉食性だったとみられています。

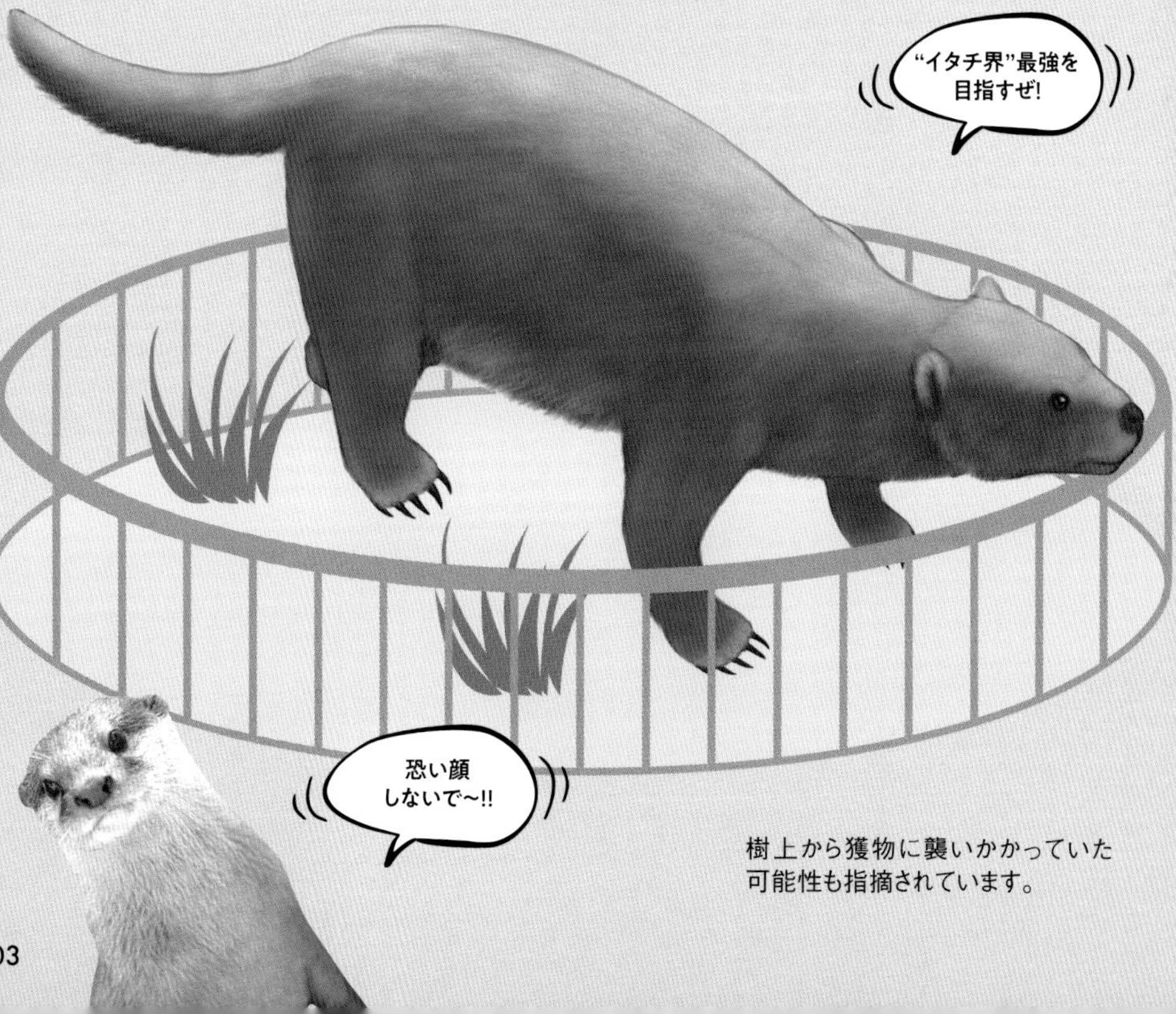
“イタチ界”最強を
目指すぜ!
恐い顔
しないで～!!

樹上から獲物に襲いかかっていた
可能性も指摘されています。

ポタモテリウムは、ペルニウムよりも数千万年前に登場し、ほぼ同じ時期にかけて栄えていたイタチ科の食肉類です。ペルニウムとは違って、ポタモテリウムの四肢は短く、からだは細長く、現生のカワウソの仲間とよく似た姿をしていました。

こうした特徴から、ポタモテリウムは、カワウソの仲間の祖先に近い種類ではないか、といわれていたことがあります。現在では、カワウソの仲間の祖先だけではなく、アシカやアザラシなどの鰭脚類《ききゃくるい》の祖先にも近い種類ではないか、と指摘されています。ただし、化石の発見されている場所が、ドイツやフランスなどのヨーロッパに加え、北アメリカ、そして、日本と幅広く、また、時代的にもそう離れていないため、〝最初のポタモテリウム〟がどこで出現したのかはよくわかっていません。

ポタモテリウムは、ペルニウムのような地上種ではなく、現生のカワウソの仲間のような半水半陸の種だったとみられています。いわゆる「五感」のなかで、聴覚と視覚が発達していたようです。

日本にも生息していた
カワウソの“祖先”

ポタモテリウム

DATA

学名:	*Potamotherium*
読み:	ポタモテリウム
頭胴長:	約70cm
時代:	新生代古第三紀～新第三紀
化石産地:	ヨーロッパ、北アメリカ、日本
分類:	食肉類　イタチ科

古生物

見た目は、カワウソによく
似ていたとみられている。

日本にも!

かつて、ポタモテリウムはヨーロッパと北アメリカだけに生息していたと考えられていた。しかし、近年になって、日本の岐阜県からもその化石が報告された。

南極に暮らす
一番大きなペンギン

コウテイペンギン

Emperor Penguin

DATA

学名:	*Aptenodytes forsteri*
読み方:	アプテノディテス・フォーステリ
身長:	約1.2m
生息地:	南極大陸
分類:	ペンギン類 ペンギン科

現生種

キングペンギンと
間違わないでね

現在の地球における、最も大きいペンギンです。野生のコウテイペンギンは、ときに50万羽以上も集まって大規模なコロニーをつくります。1回の繁殖で産む卵は、1個だけ。子育ての役割が雌雄で明瞭に分かれていて、雌は出産後は海にでかけ、2カ月以上帰ってきません。その間、雄は卵をあしの甲に乗せ、自身は何も食べずに温め続けます。

昔から
ペンギンの
姿だった?

空を飛べないかわりに、水中を自由自在に泳ぎ回ることができる鳥類だ。

次のページに
ペンギンの
昔の仲間が!

ワイマヌは、知られている限り、最も古いペンギン類の1つです。

今から約6600万年前、直径10㎞の巨大隕石が落下して、いわゆる「恐竜時代」にあたる中生代が終了しました。このとき、陸も海も、生態系は事実上リセットされました。

ワイマヌは、中生代末の大量絶滅事件からわずか400万～500万年後に出現したペンギン類です。首やクチバシは細長く、水中を泳ぎ回ることに適した翼をもっていました。

空を飛ぶ鳥類の骨は、その内部が中空になっていて、軽量化が進んでいます。一方、空を飛べず、水中を華麗に泳ぐペンギン類の骨の内部は骨密度が高く、全体的に重くなっています。この重さがあるために、水中でも浮かぶことなく、泳ぎ進むことができるのです。そして、最初期のペンギン類であるワイマヌの骨にもすでに、高い骨密度が確認されています。

ワイマヌ後、ペンギン類はさまざまな種を登場させながら、現在へと子孫をつなげていきます。

すでに泳ぎは得意

最初期のペンギン類であるワイマヌ。すでに、水の中を深く潜ることができたとみられているよ。

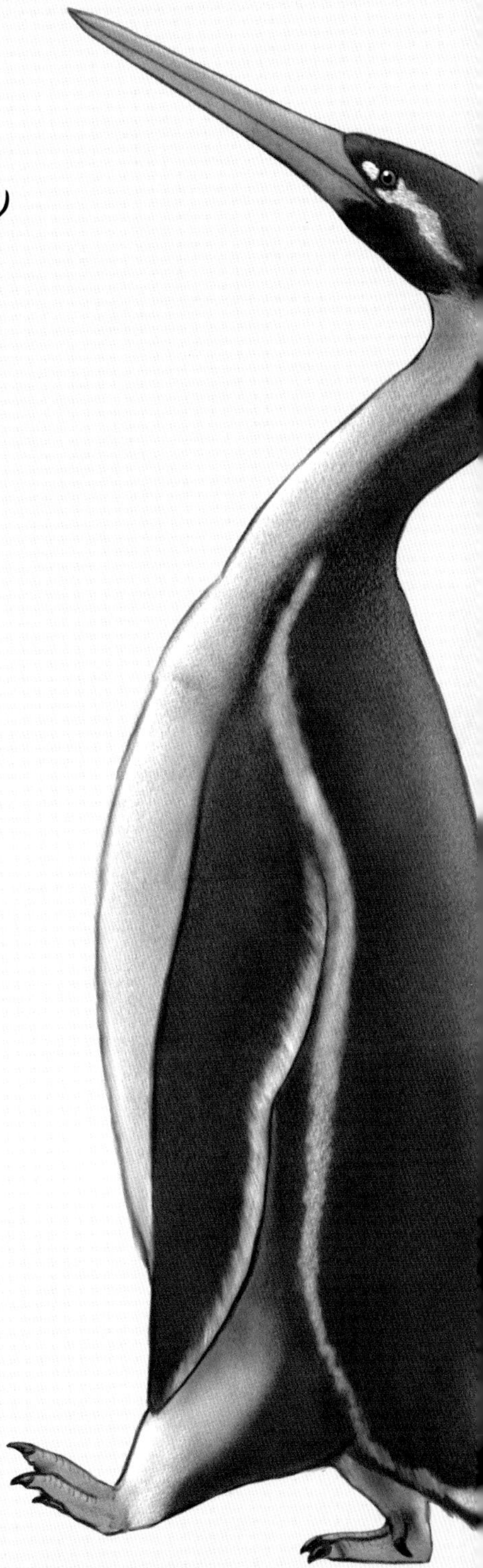

古生物

泳ぎが得意なペンギンのご先祖様

ワイマヌ・マンネリンギ

DATA

学名:	*Waimanu manneringi*
読み方:	ワイマヌ・マンネリンギ
身長:	約90cm
時代:	新生代古第三紀
化石産地:	ニュージーランド
分類:	ペンギン類

108ページで紹介したコウテイペンギンは、現生のペンギン類のなかで唯一、1m以上の身長の持ち主です。現生のペンギン類の多くは、身長1m以下。現生種のなかには、コガタペンギン（***Eudyptula minor***）のように、身長40㎝というかなり小さな種もいます。

絶滅したペンギン類には、大型種もたくさんいました。ペルーから化石が発見されたイカディプテス・サラシ（***Icadyptes salasi***）の身長は約150㎝、南極のシーモア島から見つかっているパラエウディプテス・クレコウスキイ（***Palaeeudyptes kleklowskii***）の身長は約170㎝に達したとみられています。

クミマヌ・ビセアエは、こうした大型ペンギンよりもさらに高身長。知られている限り、最も背の高いペンギン類です。

そして、クミマヌ・ビセアエは、ほかの大型種よりも2000万年ほど早く出現しました。古第三紀の南半球の海では、大型のペンギン類は珍しくなかったのかもしれません。

南半球の海で栄える

海棲哺乳類、とくに、クジラ類が登場する前、南半球の海ではクミマヌのような大型のペンギン類が栄えていたみたい。

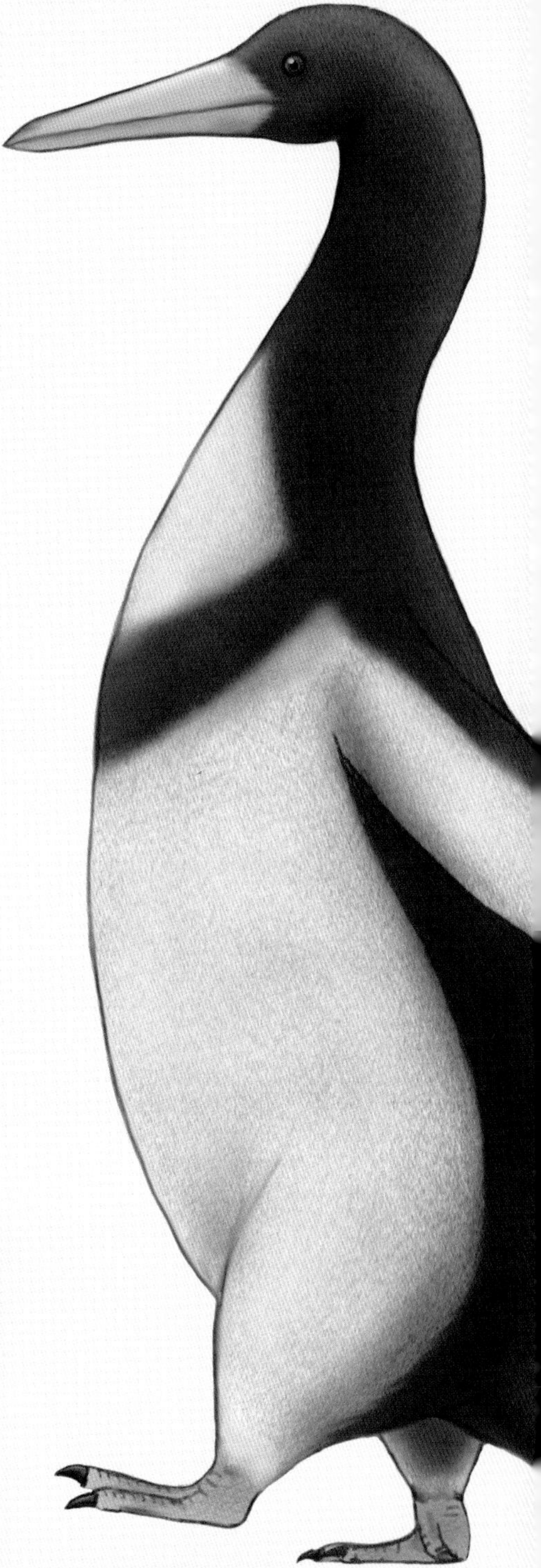

古生物

人間と同じくらい
大きなペンギン

クミマヌ・ビセアエ

DATA

学名：　*Kumimanu biceae*
読み方：　クミマヌ・ビセアエ
身長：　約177cm
時代：　新生代古第三紀
化石産地：ニュージーランド
分類：　ペンギン類

CHAPTER 3

第3章

\ 推し多数! /

鳥類、爬虫類、両生類たちのルーツ

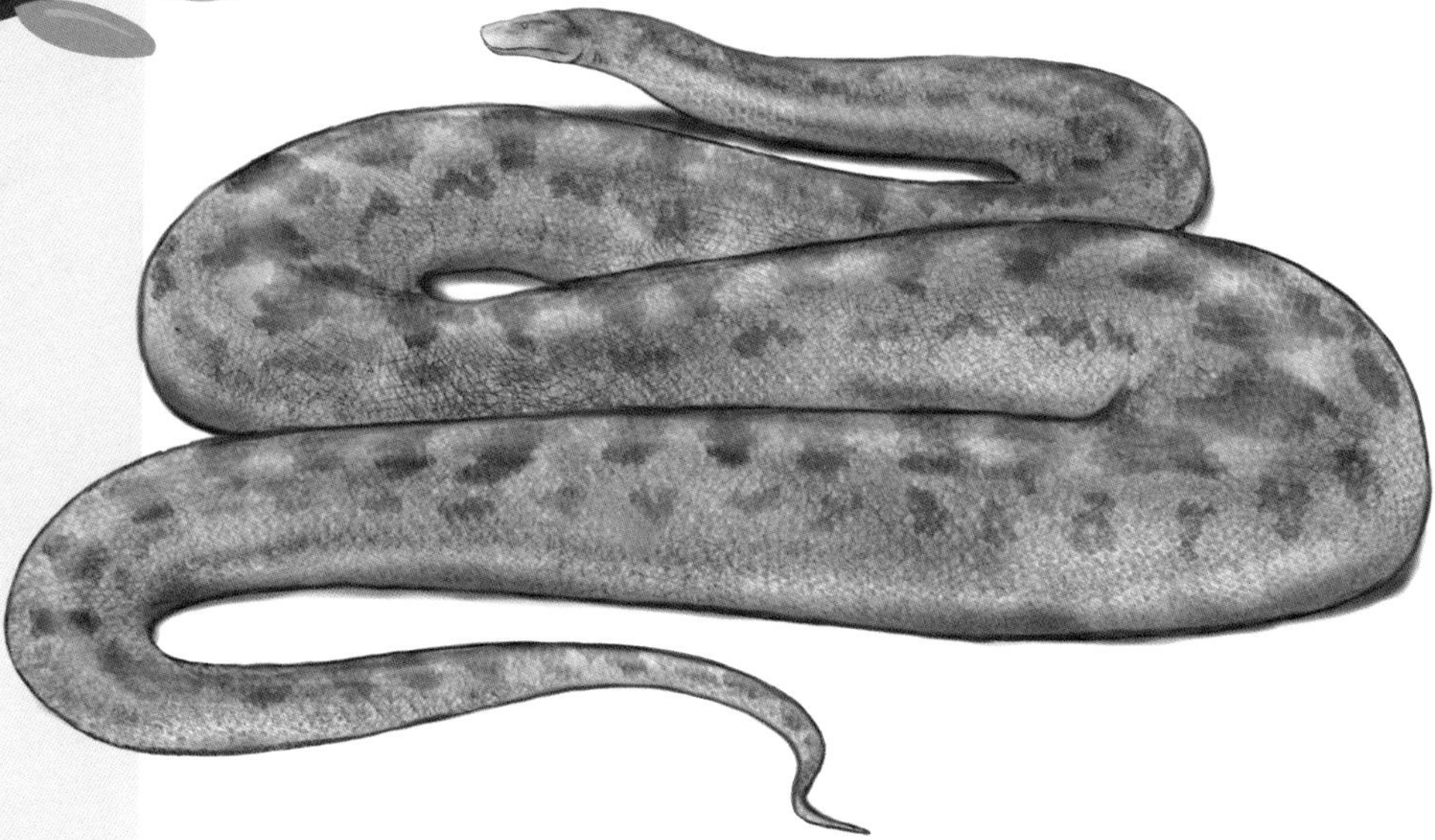

動物園にいるのは哺乳類だけではありません。
現代に生き残った恐竜といえる鳥類、
そして、爬虫類や両生類たちの
ルーツにも迫ってみました!

ダテメガネ
ですけどね

アメリカを代表するワニの一種

メガネカイマン

Spectacled Caiman

DATA

学名: *Caiman crocodilus*
読み方: カイマン・クロコダイルス
全長: 約2.3m
生息地: 中央アメリカ、南アメリカ北部
分類: ワニ類 アリゲーター科

現生種

貝類やカニ類、昆虫類や魚、両生類、爬虫類、水鳥など、何でも食べるワニ類です。野生のメガネカイマンは、淡水の環境に生息し、夜になると活発に動きます。雌は、腐った植物などで塚をつくり、あるいは、水面に浮かぶ植物を利用して、そこに卵を産みます。巣は何匹かの雌が一緒に使い、出産後、ともに子どもを守るという社会性があります。

恐竜にも負けない迫力!?

次のページに
ワニの
昔の仲間が!

両眼の間に突起があり、まるでメガネをかけているように見える。

犬のような姿をした太古のワニ

プロトスクス

DATA

学名: *Protosuchus*
読み方: プロトスクス
全長: 約1m
時代: 中生代ジュラ紀
化石産地: アメリカ、カナダ、南アフリカなど
分類: ワニ形類

古生物

プロトスクスは、最古級のワニの1つです。ただし、この場合の「ワニ」とは、メガネカイマンなどの現生のワニが属する「ワニ類」とは少し違っていて、もう少し広い「ワニ形類（**Crocodiliformes**）」というグループになります。ワニ形類にはワニ類も属していますが、ワニ類ではないグループもいくつか分類されています。

プロトスクスの姿は、ワニ類のそれとはかなり異なります。四肢は胴体の下へまっすぐのび、まるで哺乳類のようにからだを持ち上げて歩いていました。

また、メガネカイマンなどの現生のワニ類には、背中に6列の鱗が並んでいます。しかし、プロトスクスの背中には、それが2列しかありませんでした。同じように背中を覆い、背中を守っている鱗ですが、プロトスクスのそれは、現生のワニ類よりも幅が広いのです。

現生のワニ類は水際に生きるものばかりですが、プロトスクスは内陸を歩いていたとみられています。

四肢はほぼまっすぐ下へのびている

小さな〝祖先〟

プロトスクスの全長は、現代の盲導犬、ラブラドールレトリバーと比べて同じくらいだ。肩の高さはやや低いといったところ。

　ワニ類としては、史上最大級の大きさをもっていました。同じ白亜紀のアメリカに生きていたティラノサウルス（***Tyrannosaurus***）とほぼ同じサイズで、間違いなく生態系の上位に君臨する〝覇者クラス〟です。ティラノサウルスのような大型肉食恐竜が「内陸の支配者」であるとするならば、デイノスクスは「水辺の王者」だったかもしれません。

　見た目は、動物園にいるアリゲーターとほぼ同じ。がっしりとした顎をもっていました。

　デイノスクスのかむ力は、10万ニュートンを超えたと言われています。研究手法が異なるので単純な比較はできませんが、これは現生ワニ類の6倍以上になります。

　とても長生きした個体がいたこともわかっています。ある個体の骨に残された年輪を調べたところ、50歳以上にまで成長していたのです。しかも、そのうちの35年間は、いわゆる「成長期」にあたり、そして、成長期が終わったのちも、そのまま少しずつ大きくなっていました。

Tレックスと並ぶ
巨体の持ち主

デイノスクス

DATA

学名：　*Deinosuchus*
読み方：　デイノスクス
全長：　約12m
時代：　中生代白亜紀
化石産地：アメリカ、メキシコ
分類：　ワニ類　アリゲーター科

古生物

地域で異なる体格

当時、アメリカは中西部を南北に海が貫いていた。その東西で、デイノスクスは体格が異なり、東側にいた個体は小さかったんだ。その理由は謎だ。

一目で「ワニ」とわかる風貌の持ち主だけれど、そのサイズに注目だ。

日本に生息していた巨大ワニ

マチカネワニ

DATA

学名:	***Toyotamaphimeia machikanensis***
読み方:	トヨタマフィメイア・マチカネンシス
全長:	約7.7m
時代:	新生代第四紀
化石産地:	日本
分類:	ワニ類　トミストマ亜科

古生物

大阪府豊中市の待兼山《まちかねやま》に分布する約40万年前の地層から化石が発見された大型のワニです。メガネカイマンの3倍以上、現生のワニ類のなかでも大型とされるイリエワニと同等以上の巨体をもっていました。背中の鱗が平らであることが特徴の1つです。伝説に登場する「龍」のモデルになったのではないか、という指摘もあります。

お待ちかね! マチカネワニ です
日本にもワニが いたんだ

「トヨタマフィメイア」は、『古事記』に登場するワニの化身の「豊玉姫」にちなむぞ。

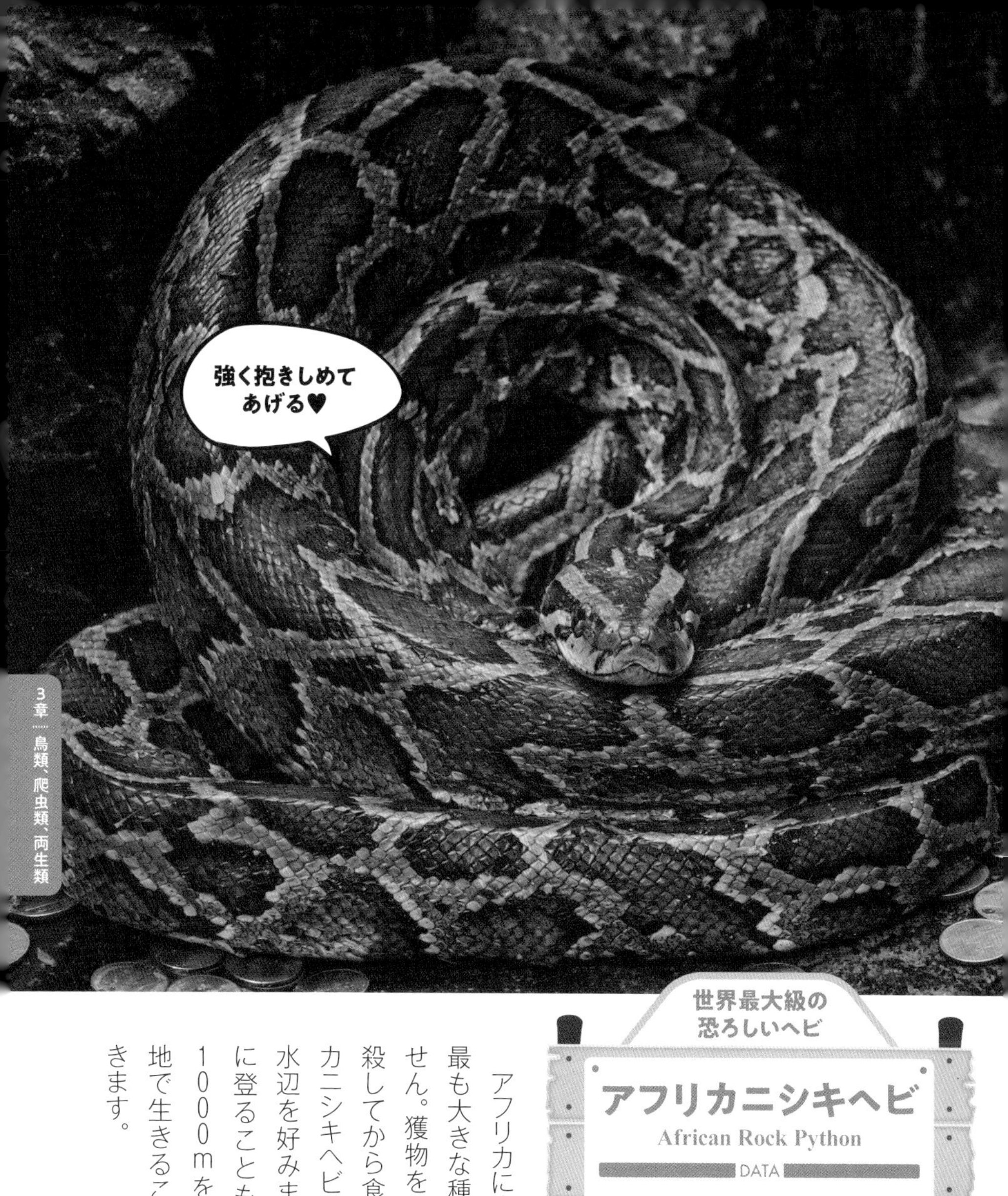

世界最大級の
恐ろしいヘビ

アフリカニシキヘビ

African Rock Python

DATA

学名: *Python sabae*
読み方: パイソン・サバエ
全長: 約6m
生息地: アフリカ
分類: 有鱗類　ヘビ類　ボア科

現生種

アフリカに生息するヘビのなかで、最も大きな種です。毒はもっていません。獲物を襲うときは、まず絞め殺してから食べます。野生のアフリカニシキヘビは、開けた平原に棲み、水辺を好みます。その一方で、樹木に登ることも、標高1000mを越す高地で生きることもできます。

次のページに
ニシキヘビの
昔の仲間が!

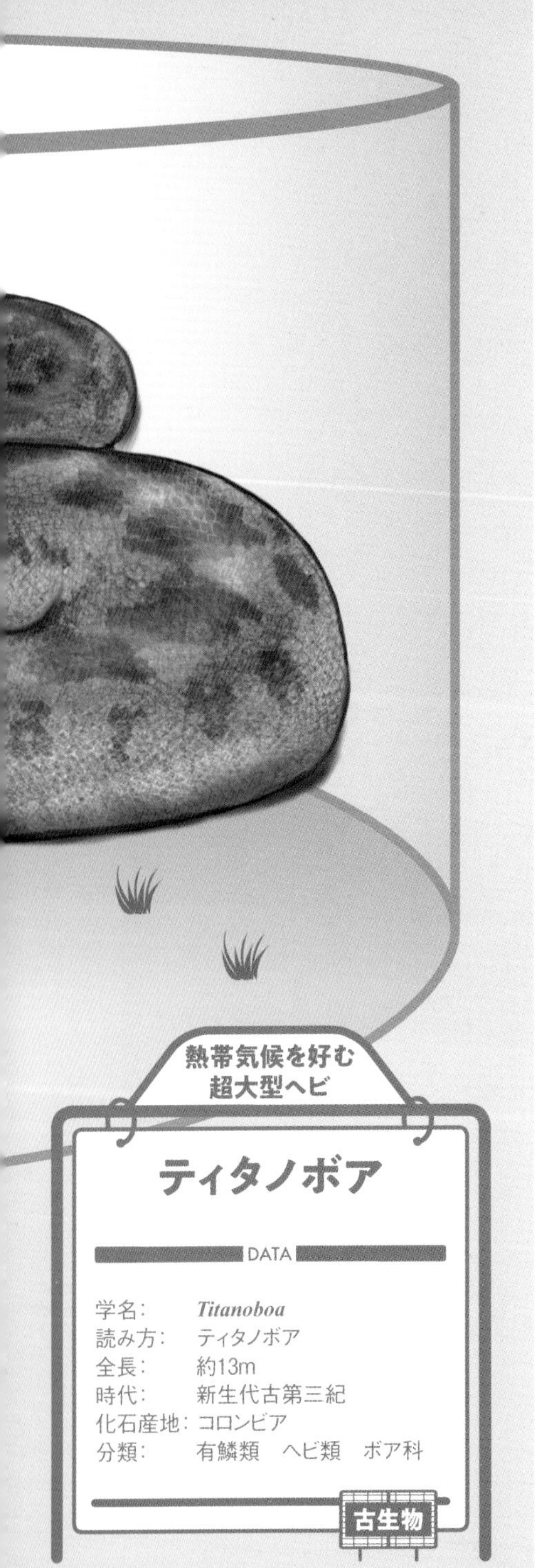

熱帯気候を好む
超大型ヘビ

ティタノボア

DATA

学名：　*Titanoboa*
読み方：　ティタノボア
全長：　約13m
時代：　新生代古第三紀
化石産地：コロンビア
分類：　有鱗類　ヘビ類　ボア科

古生物

全長13ｍ、体重は1ｔを超えるという史上最大のヘビです。アフリカニシキヘビだけではなく、現在の地球でとくに大型とされているアミメニシキヘビやオオアナコンダさえも小さく見えるような巨体の持ち主でした。

実は、発見されているティタノボアの化石は、脊椎などの一部の骨にすぎません。ただし、その脊椎の大きさは、長径12㎝にもおよびました。読者のみなさんの拳と同じくらいか、あるいはもっと大きいサイズの骨でした。13ｍという全長は、こうした骨から推測されたものです。

ティタノボアが何を食べていたのかは、まったくわかっていません。しかし、ボア科のヘビは毒をもたず、相手を締め殺し、口に入る大きさの獲物であれば何でも食べます。ティタノボアも、ワニなどをひと飲みにしていたのかもしれません。

なお、ティタノボアが生きるためには、30℃～34℃の温暖な気温が必要だったようです。「涼しい気候」も苦手だったのです。

アフリカニシキヘビの2倍以上の
長さをもつヘビだ。

熱帯の森林に生息?

ティタノボアが生きていた時代は、とても温暖で、世界中に熱帯性の森林が広がっていた。そんな森林が生息場所だったのかもしれない。

ヘビといえば、「あしがない」。でも、その進化の最初から、あしがなかったわけではありません。

ナジャシュは最初期のヘビの1つです。ヘビなのに、小さな後ろあしをもっていることが最大の特徴です。

ヘビは、おそらくトカゲのような〝普通に四肢のある爬虫類〟から進化したと考えられています。ナジャシュは、そうした祖先から〝普通のヘビ〟に進化する途中の存在とみられています。ヘビの進化では、まず前あしが消え、その次に後ろあしが消えたようです。ナジャシュは地上性であるため、ヘビは地上、もしくは地中で進化したと考えられています。

また、「あしがある」ということから原始的といえるナジャシュですが、2019年に発表された研究では、頭骨には〝普通のヘビ〟と同じ特徴があることが指摘されているのです。つまり、ヘビの進化においては、まず、前半身、とくに頭部が変化したのかもしれません。

ヘビの進化の鍵を握る存在。それがナジャシュです。

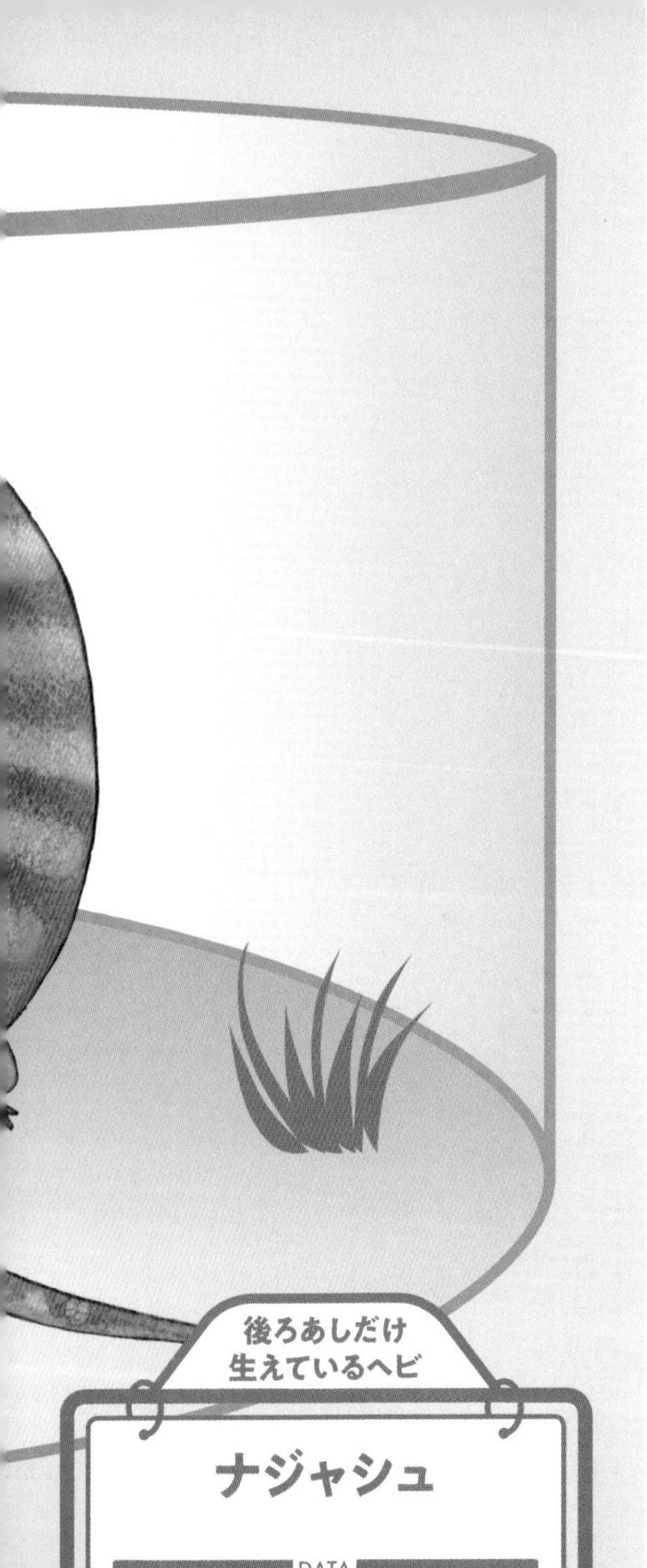

後ろあしだけ生えているヘビ

ナジャシュ

DATA

学名: *Najash*
読み方: ナジャシュ
全長: 約2m
時代: 中生代白亜紀
化石産地: アルゼンチン
分類: 有鱗類　ヘビ類

古生物

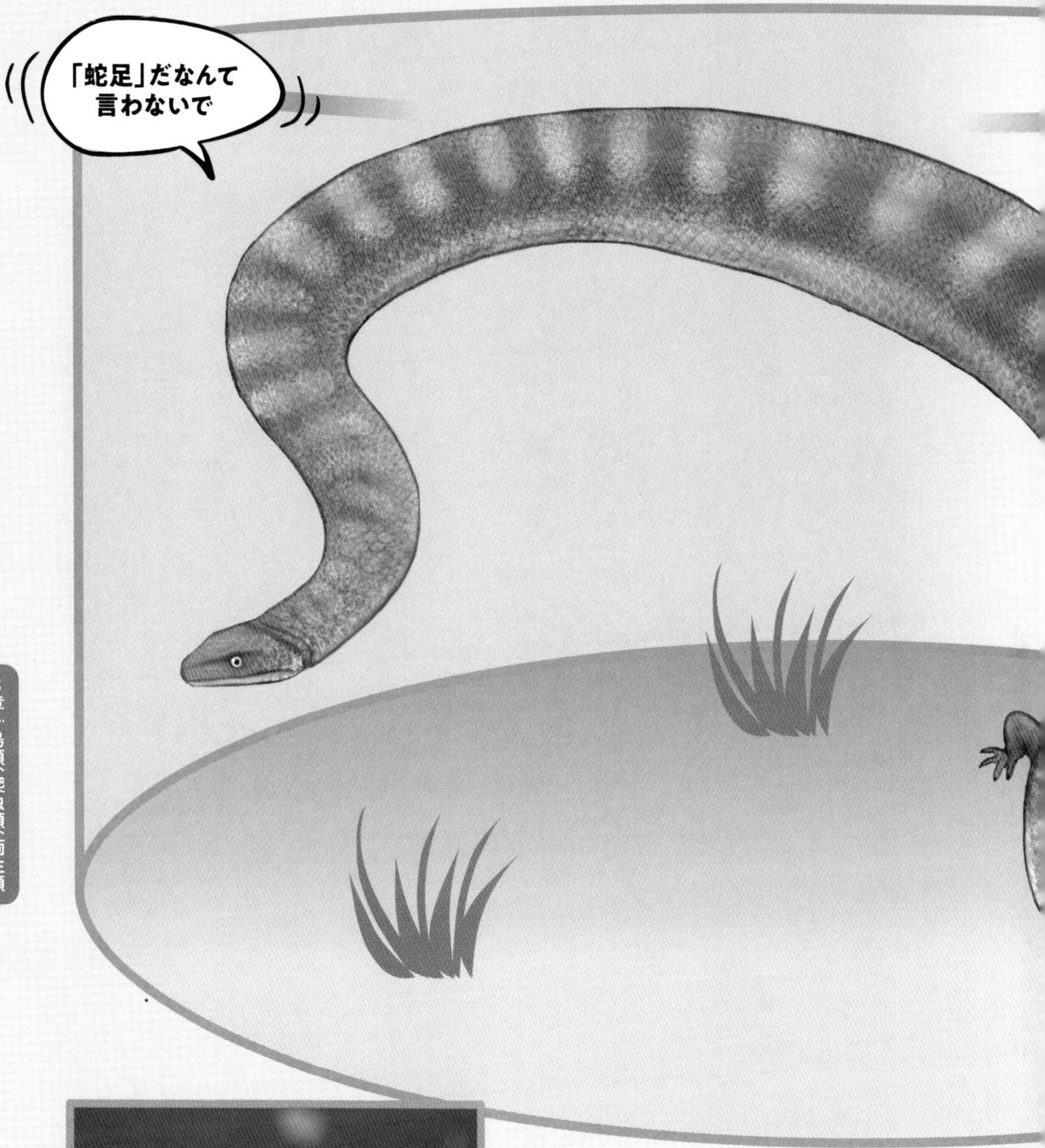

地中に穴を掘って暮らしていたかもしれない。

ナジャシュだけじゃない

小さな後ろあしをもつヘビは、ウミヘビにもいました。そのため、ヘビは海で進化したという説もあります。

四肢の残る
太古のヘビ

テトラポドフィス

DATA

学名:	*Tetrapodophis*
読み方:	テトラポドフィス
全長:	約20cm
時代:	中生代白亜紀
化石産地:	日本
分類:	有鱗類　ヘビ類?

古生物

ナジャシュよりも原始的なヘビとみられています。その理由はずばり、小さな前あしをもっていたから。テトラポドフィスには四肢があったのです。まさに、ヘビが進化していくその最初期の姿を、テトラポドフィスに見ることができると考えられています。ただし、研究者によっては、ヘビではなく、有鱗類《ゆうりんるい》の別の動物ではないか、と指摘しています。

僕って
“長いトカゲ”
なのでは……
ヘビの“定義”が
覆っちゃう!

地中に穴を掘って
暮らしていたみたいだ。

ガラパゴスへ
ようこそ

海で暮らす
唯一のトカゲ

ウミイグアナ

Marine Iguana

DATA

学名:	*Amblyrhynchus cristatus*
読み方:	アムブリリンクス・クリスタトゥス
全長:	約1.5m
生息地:	ガラパゴス諸島
分類:	有鱗類　トカゲ類　イグアナ科

現生種

世界で唯一、海に潜り、海藻を食べるトカゲです。長い尾を使い、ときに水深10m以上にまで潜ることがあります。ただし、からだが冷えてしまうため、長時間にわたる潜水活動はできません。野生のウミイグアナは、数千匹以上が同じ場所で暮らしています。

次のページに
イグアナの
昔の仲間が!
?

モササウルス科の初期の姿

ハアシアサウルス

DATA

学名:　*Haasiasaurus*
読み方:　ハアシアサウルス
全長:　約2m
時代:　中生代白亜紀
化石産地:　イスラエル
分類:　有鱗類　モササウルス科

古生物

口には、明らかに肉食性とわかる鋭い歯が並んでいるよ。

ウミイグアナの属する有鱗類には、かつて「恐竜時代の海の覇者」と言われた水棲のグループがいました。そのグループの名前を「モササウルス科」と言います。現生のオオトカゲ類、もしくは、ヘビ類に近縁と考えられているグループです。

ハアシアサウルスは、最も初期のモササウルス科の有鱗類です。今から約1億年前、当時は海だったイスラエルに生息していました。

モササウルス科は、登場後、瞬《またた》く間に海の生態系の上位に君臨するようになります。進化したモササウルス科には、次のページで紹介するモササウルスのように10m超級の種類も登場します。しかし、最も初期の種類であるハアシアサウルスはわずか2mほどでした。現在の魚の仲間と比較すると、たとえば、クロマグロとほぼ同じサイズでした。

……とはいえ、ハアシアサウルスには、のちに強者が誕生するグループの片鱗を見ることができます。顎ががっしりとしており、口には鋭い歯が並んでいたのです。

四肢の先は指?

モササウルス科の多くは、四肢の先はヒレになっている。でも、原始的な存在であるハアシアサウルスの四肢の先には指があったと考えられているんだ。

モササウルスは、最初に発見されたモササウルス科であり、モササウルス科の名前の由来となった有鱗類であり、最大級のモササウルス科でもあり、そして、最後に登場したモササウルス科でもあります。

とにかく大きな動物でした。頭部だけでも1・6mもの長さがあり、全長はその10倍近い大きさでした。

がっしりと太い顎に並ぶ歯もがっしりと太く、鋭さよりも〝強さ〟を感じるつくりとなっています。それは、明らかに〝覇者クラス〟の顎と歯でした。

ハアシアサウルスが登場した時期が、約1億年前。モササウルスの生きていた時期は、約6600万年前です。わずか3000万年と少しの時間で、モササウルス科は当時の海の生態系の頂点に君臨するようになったのです。

当時の海で、モササウルスに対抗できたのは、ほぼ同じ時期に登場し、競うように進化を重ねていたサメ類だけだったことでしょう。まさしく、海の王者でした。

巨大で強力な顎をもつ海の王様

モササウルス

DATA

学名: *Mosasaurus*
名前: モササウルス
全長: 約15m
時代: 中生代白亜紀
化石産地: 世界各地
分類: 有鱗類　モササウルス科

古生物

モササウルス科は、進化するほどに
大型種が増えていったんだ。

大怪獣?

モササウルス科のなかで、最初に化石が発見されたモササウルスは、当初、発見地にちなんで、「マーストリヒトの大怪獣」と呼ばれていた。

木から木へ
飛び移るトカゲ

クエネオサウルス

DATA

学名:	*Kuehneosaurus*
読み方:	クエネオサウルス
全長:	約70cm
時代:	中生代三畳紀
化石産地:	ルクセンブルク、イギリス
分類:	鱗竜形類

古生物

イグアナやモササウルスたちが属していた有鱗類は、より上位の鱗《りん》竜形類《りゅうけいるい》というグループに属しています。クエネオサウルスは、モササウルスよりも1億年以上古い鱗竜形類です。肋骨がからだの側方へと伸びていて、その間には皮膜が張られていたと考えられています。その〝翼〟を使って、樹木から滑空していたとみられています。

当時、同じように空を飛ぶ鱗竜形類は、ほかにもいくつかいたよ。現生種にも、トビトカゲの仲間が空を飛ぶぞ。

「スカベンジャー」って響きがかっこいいよね

死肉を喰らう
自然界の掃除屋

コンドル

Andean Conder

DATA

学名： *Vultur gryphus*
読み方： ヴルトゥル・グリフス
翼開長： 約3m
生息地： 南アメリカ
分類： タカ類　コンドル科

現生種

現在の地球に暮らす鳥類のなかで、最も広い翼をもっています。その広い翼で、山地や海岸の崖などに自然発生する上昇気流を上手につかみ、長時間の滞空飛行が可能です。野生のコンドルは腐肉食で、上空を滞空しながら動物の死体を探し、死体を見つけると悠然と舞い降りて食事します。

次のページに
コンドルの
昔の仲間が!
?

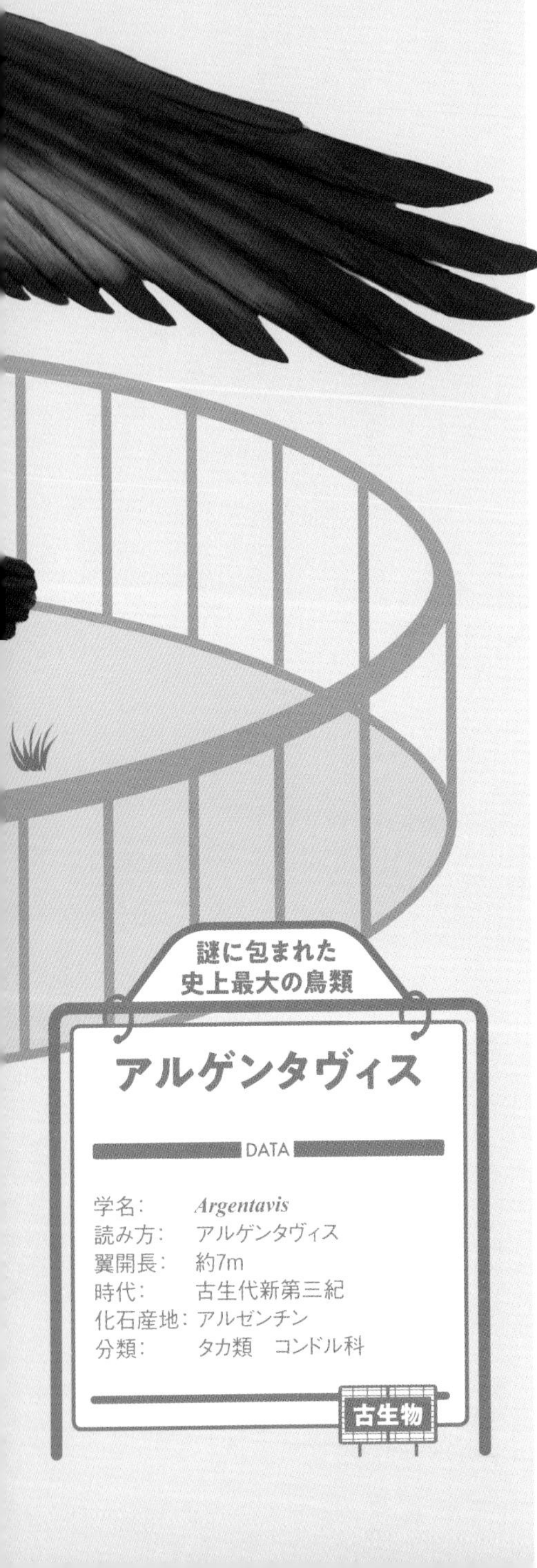

謎に包まれた
史上最大の鳥類
アルゲンタヴィス
DATA
学名：　*Argentavis*
読み方：　アルゲンタヴィス
翼開長：　約7m
時代：　古生代新第三紀
化石産地：アルゼンチン
分類：　タカ類　コンドル科
古生物

アルゲンタヴィスは、「史上最大の鳥類」と呼ばれるものの1つです。翼を開いたときの、右の翼の右端から左の翼の左端までの長さ（翼開長）は7ｍにおよんだと計算されています。その体重は70～72kgと、現代日本における成人の平均体重を大きく上回る巨体でした。

こんなに大きなからだで、はたして現生のコンドルのように長時間の滞空が可能だったのでしょうか？　それは、アルゲンタヴィスをめぐる大きな謎でした。

２００７年、そんな謎に挑戦した研究が発表されました。コンピューターシミュレーションによって、アルゲンタヴィスの飛行能力の解析が行われたのです。この研究によると、アルゲンタヴィスは、時速67㎞というなかなかの巡航速度で、山の斜面に発生する上昇気流を上手につかまえ、飛び続けることができたようです。

また、生態は腐肉食性ではなく、かなり大きな獲物も襲う狩人だった可能性も指摘されています。

コンドルそっくり?

実は発見されているのは、部分的なもの。全身の化石が見つかっているわけじゃない。だから、近縁のコンドルを参考に復元されることが多いんだ。

コンドルでさえ、小さく見えるような巨体だ。

動かざること
山のごとし

顔は怖いけど
動物園の人気者

ハシビロコウ

Shoebill

DATA

学名：	*Balaeniceps rex*
読み方：	バラエニセプス・レックス
身長：	約1.5m
生息地：	アフリカ
分類：	ペリカン類　ハシビロコウ科

現生種

ハシビロコウは、何時間も動かずに、じっと佇むことができます。ですから、あなたが見ている間に、まったく動きがなくても不思議ではありません。野生のハシビロコウは干上がった水辺で佇みながら、肺魚、カエルなどを狙います。獲物が近くにやってくると、倒れこむように襲いかかり、先端が鍵状になったクチバシですくい取るのです。

?
大きな鳥は
日本にもいた!

次のページに
ハシビロコウの
昔の仲間が!

英語の「Shoebill《靴のクチバシ》」は、木靴のようなそのクチバシの形に由来するよ。

現生のコンドルよりも長い翼に目がいくかもしれません。しかし、オステオドントオルニスの最大の特徴は大きさではありません。

　オステオドントオルニスの最大の特徴は、クチバシにあります。多くの鳥類のクチバシはツルッとしていて直線的です。しかし、オステオドントオルニスのクチバシには、まるで歯のような小さな突起が並んでいます。

　ただし、これはあくまでも「歯のような小さな突起」。「歯」ではありません。そのため、歯のように抜けることも、生え変わることもありません。この独特の特徴をもつオステオドントオルニスとその仲間たちは、「骨質歯鳥類《こっしつしちょうるい》」や「偽歯鳥類《ぎしちょうるい》」などと呼ばれています。

　この独特の〝歯〟は、滑りやすい獲物を捕まえるときにとても役立ったとみられています。たとえば、イカや柔らかい魚などが、オステオドントオルニスの主食だったとみられています。日本では、埼玉県や三重県から化石がみつかっています。

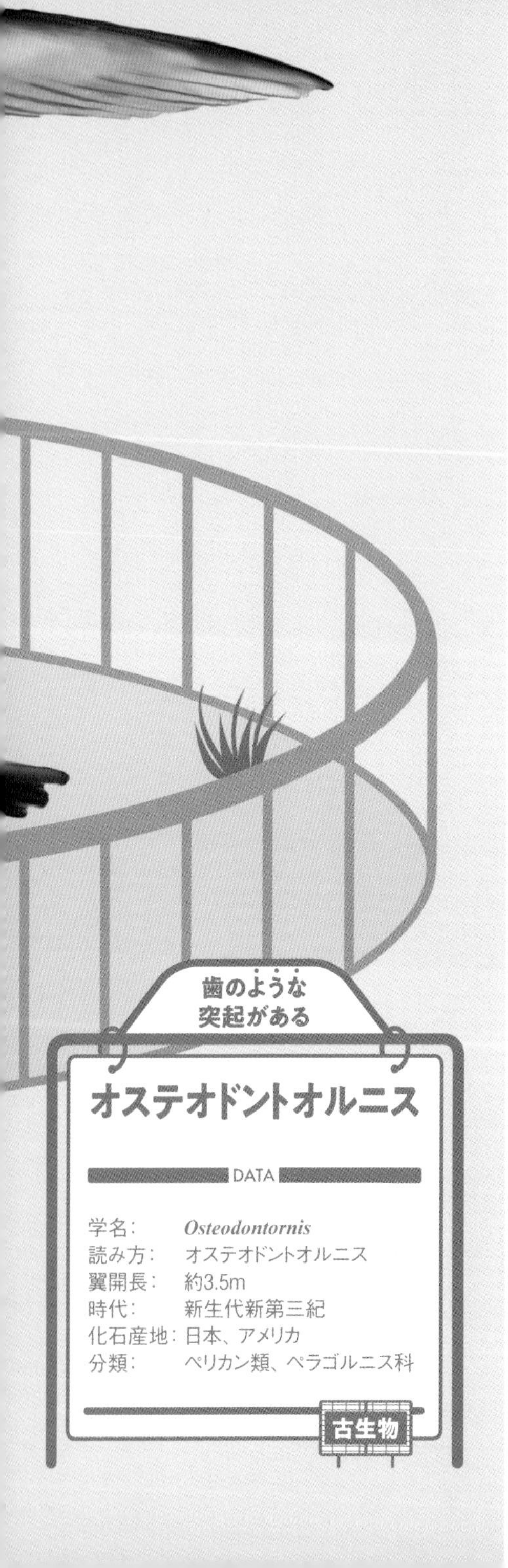
歯のような
突起がある
オステオドントオルニス
DATA
学名:　*Osteodontornis*
読み方:　オステオドントオルニス
翼開長:　約3.5m
時代:　新生代新第三紀
化石産地: 日本、アメリカ
分類:　ペリカン類、ペラゴルニス科
古生物

クチバシが最大の
特徴だぞ

近縁種にはもっと大型も

かつて、日本にいたオステオドントオルニスの翼開長は、3.5mほど。でも、アメリカには、もっと大型の近縁種がいたようだ。

オーストラリアの
大きな飛べない鳥

エミュー

Emu

DATA

学名: *Dromaius novaehollandiae*
読み方: ドロマイウス・ノヴァエホランディアエ
身長: 約1.7m
生息地: オーストラリア
分類: 古顎類 ヒクイドリ類 エミュー科

現生種

小さな翼をもっていますが、飛ぶことはできません。野生のエミューは、大規模な群れをつくって生活しています。あしがとても速く、時速48㎞で走ることができます。オーストラリア固有種としては最も大きい鳥類です。そして、地域によっては農場を荒らす害鳥でもあります。

次のページに
エミューの
昔の仲間が!

ダチョウやエミューキーウィなどが属する古《こ》顎類《がくるい》というグループにおいて、エピオルニスは最大の鳥類として知られています。1万年以上前にマダガスカル島に登場し、17世紀半ばまで生きていました。卵のサイズは、高さ約30㎝という巨大なものです。アラブ世界の伝承や物語に登場する「ルフ」（ロック鳥）のモデルではないか、という指摘もあります。

まるで恐竜のような史上最大級の鳥

エピオルニス

Elephant Bird

DATA

学名：	*Aepyornis*
読み方：	エピオルニス
身長：	約3m
時代：	新生代第四紀
化石産地：	マダガスカル
分類：	古顎類　エピオルニス類 エピオルニス科

古生物

絶滅したのはわりと最近です
特大の目玉焼きが作れるね

遺伝子解析によると、現生のキーウィに近縁だったようだ。

まったく鳴かない
現生最大のカエル

ゴライアスガエル

Goliath Bullfrog

DATA

学名:	*Conraua goliath*
読み方:	コンラウア・ゴライアス
頭胴長:	約32cm
生息地:	アフリカ
分類:	無尾類　イワガエル科

現生種

現在の地球に暮らすカエルのなかで、最も大きい種です。あしを伸ばすと、その全長は80㎝にも達します。強力な後ろあしを使って器用に泳ぎます。野生のゴライアスガエルは、小型哺乳類、小型爬虫類、ほかのカエルなどを食べます。ちなみに、繁殖期でも鳴きません。

次のページに
カエルの
昔の仲間が!

バスケットボール
並みの巨大なカエル

ベルゼブフォ

DATA

学名:	***Beelzebufo***
読み方:	ベルゼブフォ
頭胴長:	約41cm
時代:	中生代白亜紀
化石産地:	マダガスカル
分類:	無尾類　ツノガエル科?

古生物

史上最大のカエルです。ゴライアスガエルよりも、さらにひと回り大きい巨体です。その体重は、4・5kgに達したといわれています。単純に「大きい」というだけではありません。巨大な口と強力な顎ももっていました。トカゲなどの小動物のほか、孵化したばかりの恐竜の幼体も獲物にしていたとみられています。

この名前は、旧約聖書などに登場する
魔王の「ベルゼブブ」にちなんだものだ。

カエルになりきれてないカエルの祖先

トリアドバトラクス

DATA

学名：	*Triadobatrachus*
読み方：	トリアドバトラクス
全長：	約11cm
時代：	中生代三畳紀
化石産地：	マダガスカル
分類：	無尾類?

古生物

知られている限り、最も古いカエルです。大きさは現生のウシガエルほどでした。のちのカエルとは違い、小さな尾がありました。また、のちのカエルが長い後ろあしをもっていることに対し、トリアドバトラクスの四肢はほぼ同じ長さでした。ピョンピョンと跳躍することはできなかったとみられています。

お腹はプニプニしていて、現生のカエルと
変わらなかったみたい。

日本にも生息する
現生最大の両生類

オオサンショウウオ

Japanese Giant Salamander

DATA

学名:	*Andrias japonicus*
読み方:	アンドリアス・ジャポニクス
全長:	約1.5m
生息地:	日本
分類:	有尾類 オオサンショウウオ科

現生種

現在の地球で、最も大きな両生類の1つです。夜行性で、小さな魚や甲殻類などを食べます。漢字で「大山椒魚」と書き、その肉の匂いが山椒に似ていることが読み方の由来という説があります。現代の日本では特別天然記念物に指定されていて、許可なく捕獲することはできません。

次のページに
オオサンショウウオの
昔の仲間が!

エラが外に出ている
タイプのサンショウウオ

チュネルペトン

DATA

学名：　*Chunerpeton*
読み方：　チュネルペトン
全長：　約20cm
時代：　中生代ジュラ紀
化石産地：中国
分類：　有尾類
　　　　オオサンショウウオ科

古生物

獲物は、小さなエビかも

チュネルペトンの化石が発見された地層からは、小型のエビの化石も見つかっている。そうしたエビが獲物だったかもしれない。

知られている限り、最も古いオオサンショウウオ科の有尾類です。現生のオオサンショウウオと比べると小ぶりであり、外鰓《がいさい》(外部に突出したエラ)をもっている点などが異なります。ただし、そのほかの点は、現生のオオサンショウウオととてもよく似ていました。

　そもそも、オオサンショウウオは「生きている化石」と呼ばれ、古来より姿があまり変化していない生物の1つです。チュネルペトンを見ると、その〝変化していない歴史〟は、ジュラ紀まで遡ることがよくわかります。その期間は、実に1億6000万年間に及びます。

　多くの場合で、「〇〇グループの最古」と呼ばれる生物の化石は、発見されている数が少なく、謎が多いものです。

　しかし、チュネルペトンの場合、数百体分もの化石が発見されています。外鰓があるなどのさまざまな特徴は、そうした大量の化石の解析に基づくものです。生きていたときは、火山に近い湖で暮らしていたこともわかっています。

ウーパールーパーより俺らが先だから!
頭の付け根から外に向かってエラが突出していたぞ
オシャレだな～

現在の地球にいるオオサンショウウオの仲間（アンドリアス属）は、日本と中国、アメリカに生息しています。お互い、その姿はよく似てはいますが、別々の種です。

現生2種と同じアドリアス属のアンドリアス・シュイフツェリは、今から2000万年以上前の種です。そんな昔の種ですが、現在の中国に生息しているチュウゴクオオサンショウウオとよく似た姿をもっています。

ただし、その化石は中国ではなく、アジアでもなく、ドイツから見つかりました。現生種は、ドイツはおろかヨーロッパのどこにも生息していません。そのため、かつてのアンドリアス属はヨーロッパにいて、ヨーロッパの種は絶滅したものの、アジアへ移動してきた種が生き残ったという見方があります。

アンドリアス・シュイフツェリの化石が最初に見つかったとき、絶滅人類の化石と勘違いされました。そして、「ホモ・デルヴィリ・テスティス（***Homo deluvili testis***）」と学名が与えられ、旧約聖書のノアの洪水で滅んだとされていたのです。

見た目は現在とほとんど変わらない

アンドリアス・シュイフツェリ

DATA

学名：	*Andrias scheuchzeri*
読み方：	アンドリアス・シュイフツェリ
全長：	約1.3m
時代：	新生代古第三紀漸新世・新第三紀中新世
化石産地：	ドイツ
分類：	有尾類 オオサンショウウオ科

古生物

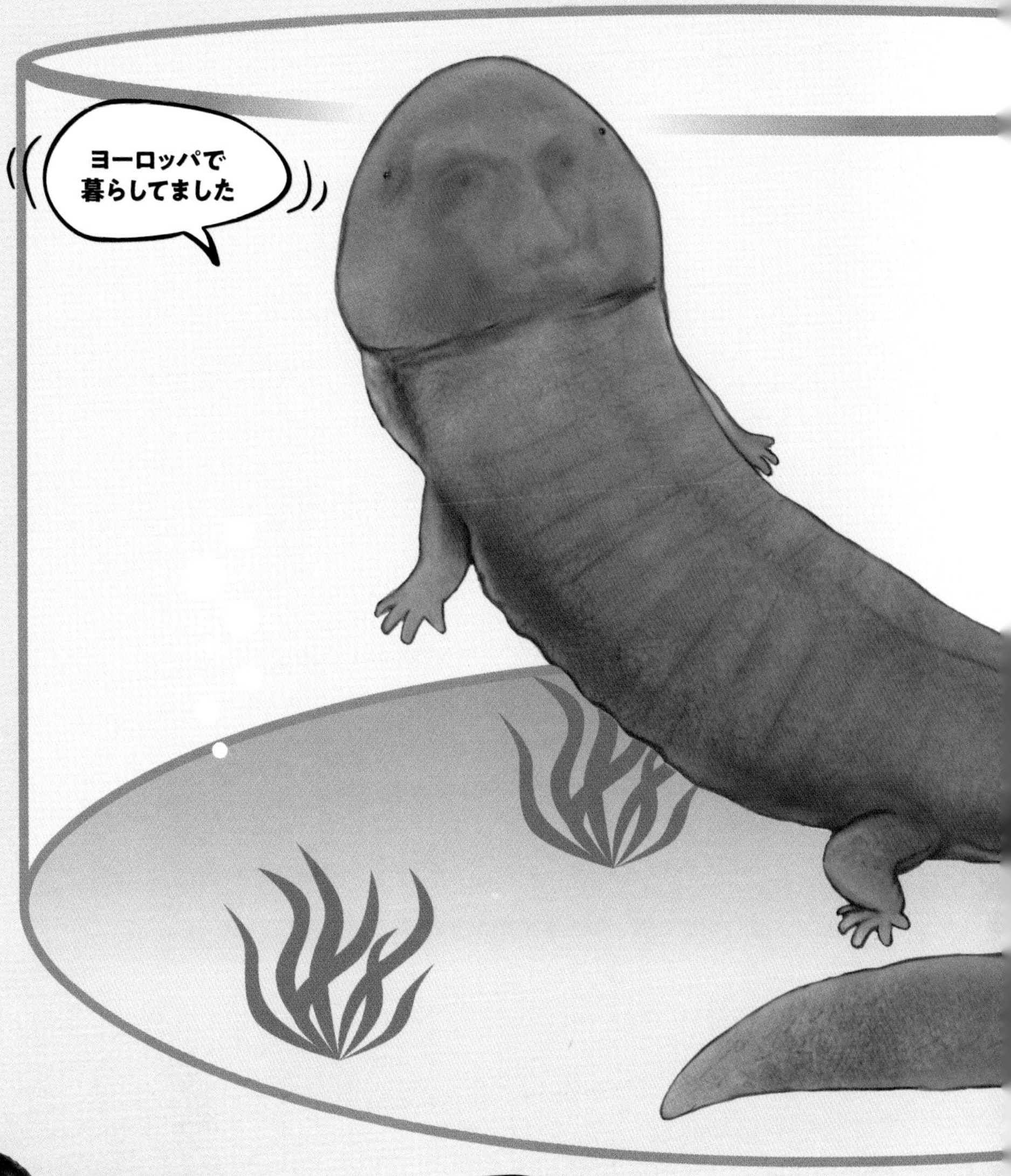

現生種と同じアンドリアス属の仲間だ。

かつては人間に?

その化石は、当初、人類（ホモ属）の化石と考えられていた。もちろん、現在では否定されている。

COLUMN

巻末こぼれ話01

ワニのような顔のスピノサウルス

恐竜類でも、動物たちと共通点のあるものもいた!

古生物

ティラノサウルスより巨大! 史上最大の恐竜類とワニの共通点

本書では、現在の動物園で見ることができる動物の祖先、あるいは、その祖先の近縁種を紹介してきました。

ここで、全長15mの恐竜類の「スピノサウルス(*Spinosaurus*)」を紹介します。恐竜類は、これまで紹介してきませんでした。動物園で見ることができる動物たちの祖先とは直接関係しないためです(鳥類はそもそも恐竜類の1グループですが……)。

しかし、直接の祖先やその近縁種ではないとはいえ、現生の動物と似たような生態をもった古生物は、過去にいくつもいました。スピノサウルスは、そうした古生物の1つです。

基本的に恐竜類は陸棲動物です。そんな恐竜類のなかで、スピノサウルスは、一生の多くの時間を水中で過ごしたと考えられている珍しい恐竜です。吻部がシュッと長くのび、そこには円錐形の歯がたくさん並んでいました。また、骨を見ると、吻部の先端を中心に細かな孔《あな》がたくさんあいており、その

背中の帆は
何に使われて
いたのだろう?

ワニと同様に獲物を狩っていた？ 主食は魚？ 翼竜類や恐竜類も!?

中には、水圧の変化などを感知する感覚器があったと考えられています。また、尾は上下に幅広でした。

こうしたスピノサウルスの吻部や歯に見られるさまざまな特徴は、現生のワニ類とそっくりです。そのため、スピノサウルスは、まさにワニ類のように獲物を狩って暮らしていたのではないか、と考えられています。吻部の感覚器で獲物を探り、鋭い歯を獲物に突き刺して、食べていたのではないか、というわけです。実際、スピノサウルスの近縁とみられる同じような特徴をもつ恐竜化石の〝体内〟からは、魚のウロコの化石が見つかっています。もっとも、スピノサウルスに関しては、他にも翼竜類や恐竜類を食べていた痕跡も確認されています。

ワニ類とスピノサウルスのように、分類されるグループは異なっても、似たような特徴をもつ生物が存在することはしばしばあります。生きている姿を観察することができない古生物学では、こうした〝共通点〟を手掛かりに、絶滅した生物の生態を推理していきます。

ただし、スピノサウルスの大きな帆はワニ類どころか現生動物に確認できず、その役割は謎とされています。

COLUMN

巻末こぼれ話02

かつての飛べない鳥ガストルニス

エミュー同様に、恐竜時代にも飛べない鳥がいた!

古生物

最強の鳥類!? 哺乳類と熾烈な生存競争を繰り広げていた?

140ページで、飛べない鳥のエミューを紹介しました。

エミューと直接的な祖先・子孫の関係にはありませんが、かつての地球には、エミューと同じようなさまざまな大型の「飛べない鳥」がいたことがわかっています。

カナダやアメリカ、そしてドイツなどのヨーロッパから化石が発見されている「ガストルニス（*Gastornis*）」もその1つです。

ガストルニスは、身長2mの鳥類です。エミューと比べると、ガストルニスは、かなり「がっしり」としています。ガストルニスは、エミューよりも身長がひと回り大きいだけではなく、クチバシが大きく、頭部も大きく、そして、太くて長いあしをもっていました。

見た目から恐ろしい印象を受けるかもしれませんが、ガストルニスは植物食性だったと考えられています。仮に現代に生きていたとしても、積極的にヒトが襲われる可能性は低かったかもしれません。

ガストルニスのような大型の飛べない鳥たちは、哺乳類と熾烈な生存競争を繰り広げていたと考えられています。ガストルニスたちが生きていた時代は、新生代古第三紀の暁新世《ぎょうしんせい》という時代と、始新世という時代です。いわゆる「恐竜時代」で知られる中生代が終わったあとの最初の時代が暁新世、その次の時代が始新世です。

もしも、ガストルニスが絶滅していなかったら……!?

暁新世のはじまりが約6600万年前、始新世の終わりが約3390万年前にあたります。

約6600万年前、それまで地球の各地で覇を唱えていた恐竜類が鳥類を残して絶滅し、鳥類自体も大規模な打撃を受けました。それは哺乳類も同様でした。

暁新世と始新世は、哺乳類と鳥類がともに絶滅事件から回復し、そして、地球の各地で〝覇権〟を確立していった時期であり、飛べない鳥であるガストルニスたちと、哺乳類が競い合う関係にあったことは想像にかたくありません。

なお、見た目はかなりちがいますが、ガストルニスは現在のキジやカモの仲間です。もしも、現代まで生き残っていたら、動物園というよりは、レストランなどで出会う食材だったかもしれません。

おわりに

あの人気動物たちの大昔の姿はどんなだった？

33種の現生動物の祖先とその仲間たち、2種の現生動物に似た生態や姿をもつ古生物を紹介しました。

動物園の動物たちは、ほかの多くの古生物たちと同じように、長い進化の果てに現在の姿となっています。そして、彼らが現在に至る進化の過程には、さまざまな姿の仲間たちがいました。見知った動物たちの、意外（？）な祖先とその仲間たち。進化と古生物の〝醍醐味〟をお楽しみいただけたでしょうか？

本書は、哺乳類に関しては国立科学博物館の木村由莉博士に、哺乳類以外に関しては岡山理科大学の林昭次博士にご監修いただき

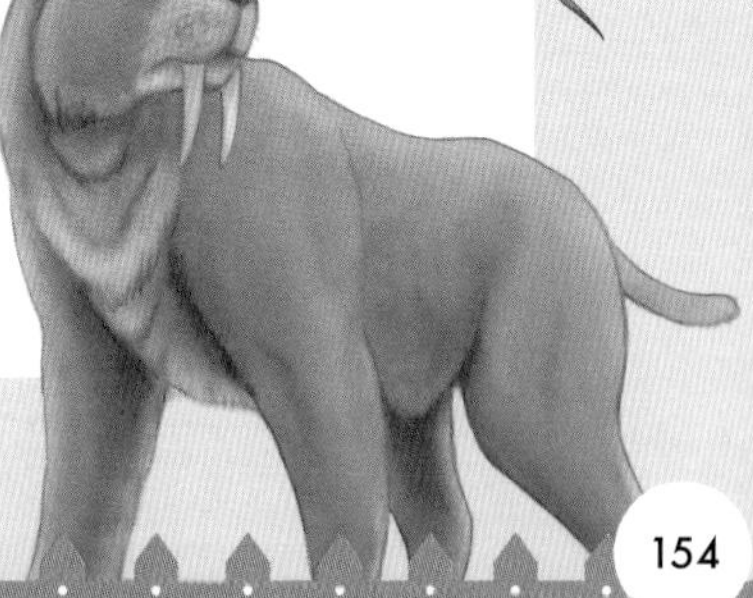

ました。お2人には、お忙しいなか、掲載種の選別から原稿とイラストのチェックまで細部までお時間をいただきました。ありがとうございます。

イラストは、ACTOWの徳川広和さんです。編集は、伊勢出版の伊勢新九朗さんと笠倉出版社の新居美由紀さん。デザインは、若狭陽一さん、土山雅治さんという陣容でお贈りしました。

最後になりましたが、ここまでお読みいただいたあなたに、心からの感謝を。ありがとうございます。

この本をきっかけに、私たちの〝身近な古生物〟に思いを馳せていただければ、うれしいです。

2020年7月　土屋　健

索引

《学術論文》

甲能直樹, 江木直子, 冨田行光, 2019, 岐阜県の下部中新統中村層から産出したPotamotherium（食肉目）の古生物地理的意義, 日本古生物学会第168回例会予稿集

Brauce Mclellan, David C. Reiner, 1994, A REVIEW OF BEAR EVOLUTION, Int. Conf. Bear Res. and Manage., 9(1), p85-96

Changzhu Jin, Russell L. Ciochon, Wei Dong, Robert M. Hunt, Jr., Jinyi Liu, Marc Jaeger, Qizhi Zhu, 2007, The first skull of the earliest giant panda, PNAS, vol.104, no.26, www.pnas.orgcgidoi10.1073pnas.0704198104

Frido Welker, Jazmín Ramos-Madrigal, Martin Kuhlwilm, Wei Liao, Petra Gutenbrunner, Marc de Manuel, Diana Samodova, Meaghan Mackie, Morten E. Allentoft, Anne-Marie Bacon, Matthew J. Collins, Jürgen Cox, Carles Lalueza-Fox, Jesper V. Olsen, Fabrice Demeter, Wei Wang, Tomas Marques-Bonet, Enrico Cappellini, 2019, Enamel proteome shows that Gigantopithecus was an early diverging pongine, nature, vol.576, p262-265

Gerald Mayr, R. Paul Scofield, Vanesa L. De Pietri, Alan J.D. Tennyson, 2017, A Paleocene penguin from New Zealand substantiates multiple origins of gigantism in fossil Sphenisciformes, NATURE COMMUNICATIONS ¦ 8: 1927 ¦ DOI: 10.1038/s41467-017-01959-6

Gerald Mayr, Vanesa L. De Pietri, Leigh Love, Al Mannering, R. Paul Scofield, 2019, Leg bones of a new penguin species from the Waipara Greensand add to the diversity of very large-sized Sphenisciformes in the Paleocene of New Zealand, Alcheringa: An Australasian Journal of Palaeontology, DOI: 10.1080/03115518.2019.1641619

Han Han, Wei Wei, Yibo Hu, Yonggang Nie, Xueping Ji, Li Yan, Zejun Zhang, Xiaoxue Shi, Lifeng Zhu, Yunbing Luo, Weicai Chen, Fuwen Wei, 2019, Diet Evolution and Habitat Contraction of Giant Pandas via Stable Isotope Analysis, Current Biology, vol.29, p1–6

Juan Abella, David M. Alba, Josep M. Robles, Alberto Valenciano, Cheyenn Rotgers, Raül Carmona, Plinio Montoya , Jorge Morales, 2012, Kretzoiarctos gen. nov., the Oldest Member of the Giant Panda Clade. PLoS ONE 7(11): e48985. doi:10.1371/journal.pone.0048985

Katherine Long, Donald Prothero , Meena Madan, Valerie J. P. Syverson, 2017, Did saber-tooth kittens grow up musclebound? A study of postnatal limb bone allometry in felids from the Pleistocene of Rancho La Brea, PLoS ONE, 12(9): e0183175, https://doi.org/10.1371/journal.pone.0183175

K. T. Bates, P. L. Falkingham, 2012, Estimating maximum bite performance in Tyrannosaurus rex using multi-body dynamics, Biol. Lett, doi:10.1098/rsbl.2012.0056

Larisa R.G. DeSantis, Jonathan M. Crites, Robert S. Feranec, Kena Fox-Dobbs, Aisling B. Farrell, John M. Harris, Gary T. Takeuchi, Thure E. Cerling, 2019, Causes and Consequences of Pleistocene Megafaunal Extinctions as Revealed from Rancho La Brea Mammals, Current Biology vol.29, p2488–2495

Laura Arppe, Juha A. Karhu, Sergey Vartanyan, Dorothee G. Drucker, Heli Etu-Sihvola, Herve Bocherens, 2019, Thriving or surviving? The isotopic record of the Wrangel Island woolly mammoth population, Quaternary Science Reviews, vol.222, 105884

Sankar Chatterjee, R. Jack Templin, Kenneth E. Campbell Jr, 2017, The aerodynamics of Argentavis, the world's largest flying bird from the Miocene of Argentina, PNAS, vol.104, no.30, p12398-12403

Yuri Kimura, Yukimitsu Tomida, Daniela, C. Kalthoff, Isaac Casanovas-Vilar, Thomas Mörs, 2019, A new endemic genus of eomyid rodents from the early Miocene of Japan, Acta Palaeontologica Polonica, 64(2), p303-312

※本書に登場する年代値は, とくに断りのないかぎり、International Commission on Stratigraphy, 2020/01, INTERNATIONAL STRATIGRAPHIC CHARTを使用している

もっと詳しく知りたい読者のための参考資料

本書を執筆するにあたり、とくに参考にした主要な文献は以下の通り。

《一般書籍》

『驚くべき世界の野生動物生態図鑑』監修：スミソニアン協会, 2017年刊行, 日東書院本社

『怪異古生物考』監修：荻野慎諧, 著：土屋 健, 絵：久 正人, 2018年刊行, 技術評論社

『海洋生命5億年史』監修：田中源吾, 冨田武照, 小西卓哉, 田中嘉寛, 2018年刊行, 文藝春秋

『恐竜ビジュアル大図鑑』監修：小林快次, 藻谷亮介, 佐藤たまき, ロバート・ジェンキンズ, 小西卓哉, 平山 廉, 大橋智之, 冨田幸光, 著：土屋健, 2014年刊行, 洋泉社

『古生物食堂』監修：松郷庵甚五郎二代目, 古生物食堂研究者チーム, 著：土屋 健, 2019年刊行, 技術評論社

『古第三紀・新第三紀・第四紀の生物 上巻』監修：群馬県立自然史博物館, 著：土屋 健, 2016年刊行, 技術評論社

『古第三紀・新第三紀・第四紀の生物 下巻』監修：群馬県立自然史博物館, 著：土屋 健, 2016年刊行, 技術評論社

『ジュラ紀の生物』監修：群馬県立自然史博物館, 著：土屋 健, 2015年刊行, 技術評論社

『小学館の図鑑［新版］NEO 動物』監修・指導：三浦慎吾, 成島悦雄, 伊澤雅子, 吉岡 基, 室山泰之, 北垣憲仁, 画：田中豊美ほか, 2014年刊行, 小学館

『小学館の図鑑 NEO 鳥』監修：上田恵介, 指導・執筆：柚木 修, 画：水谷高英ほか, 2002年刊行, 小学館

『小学館の図鑑 NEO 両生類・爬虫類』著：松井正文, 疋田 努, 太田英利, 撮影：前橋利光, 前田憲男, 関 慎太郎ほか, 2004年刊行, 小学館

『新版 絶滅哺乳類図鑑』著：冨田幸光, 伊藤丙男, 岡本泰子, 2011年刊行, 丸善株式会社

『生物学辞典』編集：石川 統, 黒岩常祥, 塩見正衛, 松本忠夫, 守 隆夫, 八杉貞雄, 山本正幸, 2010年刊行, 東京化学同人

『生命史図譜』監修：群馬県立自然史博物館, 著：土屋 健, 2017年刊行, 技術評論社

『世界動物大図鑑』編集：デイヴィッド・バーニー, 2004年刊行, ネコ・パブリッシング

『日本の古生物たち』監修：芝原明彦, 著：土屋 健, 絵：ACTOW, 2019年刊行, 笠倉書店

『A concise Dictionary of Paleontology: Second Edition』著：Robert L. Carlton, 2019年刊行, Springer

『Amphibian Evolution』著：Rainer R. Schoch, 2014年刊行, WILEY-BLACK WELL

『Cenozoic Mammals of Africa』編集：Lars Werdelin, William Joseph Sanders, 2010年刊行, Univ of California Pr.

『EARTH BEFORE THE DINOSAURS』著：Sébastien Steyer, 2012年刊行, Indiana Unibersity Press

『MEGAFAUNA』著：Richard A. Fariña, Sergio F. Vizcaíno, Gerry De Iuliis, 2013年刊行, Indiana Unibersity Press

『Rise of Amphibian』著：Robert Lynn Carrol, 2009年刊行, Johns Hopkins Univ Pr.

《WEBサイト》

コウテイペンギン、宇宙から個体数調査, NATIONAL GEOGRAPHIC, 2012年4月16日, https://natgeo.nikkeibp.co.jp/nng/article/news/14/5914/

コツメカワウソがワシントン条約で取引禁止!, WWF, 2019年8月27日, https://www.wwf.or.jp/activities/opinion/4070.html

シマクサマウス, 東京ズーネット どうぶつ図鑑, https://www.tokyo-zoo.net/encyclopedia/species_detail?code=446

シマクサマウス, Yahoo!Japan きっず 図鑑, ペットがいっぱい, https://kids.yahoo.co.jp/zukan/pet/smallanimal/rat/0023.html

ひぃふぅみぃの……帯は何本?マタコミツオビアルマジロ, 東京ズーネット ニュース, 上野動物園, 2015年9月18日, https://www.tokyo-zoo.net/topic/topics_detail?kind=news&inst=ueno&link_num=23165

Cranial shape transformation in the evolution of the giant panda (Ailuropoda melanoleuca), Figueirido B, Palmqvist P, Pérez-Claros JA, Dong W., 2011年, Naturwissenschaften. Abstract., https://www.ncbi.nlm.nih.gov/pubmed/21132275

The palaeoclimatic significance of Eurasian Giant Salamanders (Cryptobranchidae: Zaissanurus, Andrias) - indications for elevated humidity in Central Asia during global warm periods (Eocene, late Oligocene warming, Miocene Climate Optimum), Vasilyan, Davit; Böhme, Madelaine; Winklhofer, Michael, 2010年, EGU General Assembly 2010, held 2-7 May, 2010 in Vienna, Austria, p.12748, https://ui.adsabs.harvard.edu/abs/2010EGUGA..1212748V/abstract

著者

土屋健（サイエンスライター／オフィス ジオパレオント代表）

サイエンスライター。オフィス ジオパレオント代表。埼玉県出身。金沢大学大学院自然科学研究科で修士（理学）を取得。その後、科学雑誌『Newton』の編集記者、部長代理を経て独立し、現職。2019年、サイエンスライターとして初めて日本古生物学会貢献賞を受賞。近著に『日本の古生物たち』（笠倉出版社）、『古生物のしたたかな生き方』（幻冬舎）、『アノマロカリス解体新書』（ブックマン社）、『化石ドラマチック』（イースト・プレス）など。

監修（哺乳類）

木村由莉（国立科学博物館 地学研究部 研究員）

1983年長崎県生まれ、神奈川県育ち。早稲田大学教育学部卒業、米国サザンメソジスト大学地球科学科で博士号取得、陸棲哺乳類化石を専門とし、小さな哺乳類の進化史と古生態の研究を行う。主な監修に、『しんかのお話365日（理系に育てる基礎のキソ）』、『古生物食堂（生物ミステリー）』（ともに技術評論社）、『ならべてくらべる 絶滅と進化の動物史』（ブックマン社）がある。

監修（鳥類、爬虫類、両生類）

林昭次（岡山理科大学 生物地球学部 生物地球学科 講師 理学博士）

1981年、大阪府生まれ。北海道大学大学院理学院自然史科学専攻博士課程修了。脊椎動物の大型化・小型化の要因や、水中生活への適応進化について研究。恐竜類・首長竜類・束柱類などの絶滅種から、シカ・ペンギン・ワニなどの現生種まで、さまざまな動物たちを研究対象としている。主な監修に、『楽しい日本の恐竜案内』（平凡社）などがある。

イラスト

ACTOW（徳川広和） [http://actow.jp/]

古生物をテーマとした造形作品・イラスト等などの製作、博物館展示物やミュージアムグッズ作成協力、ワークショップ企画などを手掛ける。

制作・編集　株式会社伊勢出版（伊勢新九朗）
デザイン　若狭陽一
DTP　土山雅治

パンダの祖先はお肉が好き!?
～動物園から広がる古生物の世界と進化～

発行日　2020年8月12日　初版発行
著者　土屋健
発行人　笠倉伸夫
編集人　新居美由紀
発行所　株式会社笠倉出版社
〒110-8625 東京都台東区東上野2-8-7 笠倉ビル
営業　0120-984-164
編集　0120-679-315
印刷・製本　株式会社光邦

ISBN 978-4-7730-6111-6